FORSCHUNGSBERICHTE DES LANDES NORDRHEIN-WESTFALEN

Nr. 2115

Herausgegeben im Auftrage des Ministerpräsidenten Heinz Kühn
von Staatssekretär Professor Dr. h. c. Dr. E. h. Leo Brandt

Professor Dr.-Ing. Helmut Winterhager
Dr.-Ing. Roland Kammel
B. Sc. Ing. Atef Gad

Institut für Metallhüttenwesen und Elektrometallurgie
der Rhein.-Westf. Techn. Hochschule Aachen

Elektrische Leitfähigkeit, Dichte und Oberflächenspannung fluoridhaltiger Schlacken für das Elektroschlacke-Umschmelzverfahren

Springer Fachmedien Wiesbaden GmbH 1970

ISBN 978-3-663-20043-7   ISBN 978-3-663-20399-5 (eBook)
DOI 10.1007/978-3-663-20399-5

Verlags-Nr. 012115

© 1970 by Springer Fachmedien Wiesbaden
Ursprünglich erschienen bei West deutscher Verlag GmbH, Köln und Opladen 1970.

Inhalt

1. Einleitung 5
2. Das Elektroschlacke-Umschmelzverfahren (ESU) 5
   2.1 Arbeitsweise des Verfahrens 5
   2.2 Aufgabe der Schlacke 5
   2.3 Schlackenzusammensetzung und Schrifttumsangaben über Untersuchungen zur Bestimmung der Eigenschaften von Schlacken des Systems CaF_2—CaO—Al_2O_3 6
3. Versuchsaufbau und Versuchsdurchführung 8
   3.1 Ofeneinrichtung 8
   3.2 Leitfähigkeitsmessung 8
   3.3 Dichtemessung 9
   3.4 Oberflächenspannungsmessung 11
   3.41 Der Meßzylinder 11
   3.42 Oberflächenspannungsberechnung 12
   3.43 Korrekturfaktorbestimmung 12
   3.5 Die Ausgangsstoffe und ihre Vorbereitung 13
4. Versuchsergebnisse 14
   4.1 Untersuchung des Systems CaF_2—CaO 14
   4.11 Abhängigkeit der Eigenschaftswerte ($\varkappa$-, d- und σ-Werte) von der Temperatur und der Zusammensetzung 15
   4.12 Auswertung und Diskussion der Versuchsergebnisse 15
   4.2 Untersuchung des Systems CaF_2—Al_2O_3 17
   4.21 Abhängigkeit der Eigenschaftswerte ($\varkappa$-, d- und σ-Werte) von der Temperatur und der Zusammensetzung 17
   4.22 Auswertung und Diskussion der Versuchsergebnisse 17
   4.3 Untersuchung im System CaF_2—CaO—Al_2O_3 19
5. Zusammenfassung 21
6. Literaturverzeichnis 21
7. Tabellarische Zusammenstellung der Versuchsergebnisse 23
8. Anhang 28

1. Einleitung

Für das Elektroschlacke-Umschmelzverfahren ist die Auswahl der Schlacke von großer Bedeutung. Elektrische Leitfähigkeit, Oberflächenspannung und Dichte sind außer dem Schmelzpunkt wichtige Eigenschaften der Schlacke, deren Kenntnis für die Auswahl der Schlacke maßgebend ist.

Der wichtigste Schlackentyp für das Elektroschlacke-Umschmelzverfahren ist gekennzeichnet durch die Basis CaF_2—CaO—Al_2O_3. Die elektrische Leitfähigkeit, die Oberflächenspannung und die Dichte geschmolzener Schlacken der binären Systeme CaF_2—CaO, CaF_2—Al_2O_3 und des ternären Systems CaF_2—CaO—Al_2O_3 wurden in dieser Arbeit gemessen und Schlußfolgerungen aus den Messungen für die Praxis gezogen.

2. Das Elektroschlacke-Umschmelzverfahren (ESU)

2.1 Arbeitsweise des Verfahrens

Das Elektroschlacke-Umschmelzverfahren ist ein sekundärer Raffinationsprozeß für Metalle. Als Elektroden werden gegossene oder geschmiedete Materialien verwendet. Das Schlackenbad, das sich in einer wassergekühlten Kokille befindet (Abb. 1)*, wird durch den elektrischen Strom, der zwischen der selbstverzehrenden Elektrode und dem Kristallisator fließt, widerstandsbeheizt. Steigt die Temperatur des schmelzflüssigen Schlackenbades über den Schmelzpunkt des Metalls, so tropft dieses von der Spitze der Elektrode ab, durchfällt das Flußmittel, wird hierdurch raffiniert und sammelt sich in einem Metallsumpf auf der Basisplatte, der gerichtet erstarrt. Der sich ausbildende Ingot fungiert nun als Gegenelektrode. Die abschmelzende Elektrode wird mittels einer Vorrichtung entsprechend der Abschmelzgeschwindigkeit abgesenkt.

2.2 Aufgabe der Schlacke

Als Basis für eine Elektroschlacke wird CaF_2 bevorzugt. Weitere Komponenten der Elektroschlacken sind CaO, Al_2O_3, TiO_2, SiO_2, MgO, NaF, BaF_2, sowie andere Alkalihalogenide.

Eine Elektroschlacke hat folgende Aufgaben [1]:
1. Aufnahme von nichtmetallischen Partikeln und Einschlüssen aus dem geschmolzenen Metall.
2. Reaktion mit unerwünschten Begleitern (S, P, ...), sowie deren Entfernung.
3. Förderung einer glatten Metallerstarrung unter Vermeidung von Oberflächenfehlern.
4. Stromübertragung.
5. Begünstigung eines flach ausgeprägten Metallsumpfes durch weitgehende Ausgleichung von Temperaturgradienten über den Ingotquerschnitt.
6. Verhinderung einer Verunreinigung der Elektrode, des geschmolzenen Metalls und des erstarrenden Ingots durch atmosphärische Einflüsse.

Die Einflußgrößen für die Raffinationswirkung sind gegeben durch die Zusammensetzung der Schlacke und der Elektrode, die Zeit, die Temperatur, die Viskosität der

* Die Abbildungen stehen im Anhang ab S. 28.

Schlacke, die Oberflächenspannung des geschmolzenen Metalls und der Schlacke und auch durch die Tropfenoberfläche bezogen auf das Umschmelzgewicht. Als erreichbare spezifische Kontaktfläche zwischen Tropfen und Schlacke wird ein Wert von ca. 300 m²/t angegeben.

Die elektrische Leitfähigkeit der Schlacken ist von großer Bedeutung, da das Schmelzen der Elektrode durch die Wärmeentwicklung beim Stromdurchgang durch die flüssige Schlacke vor sich geht.

Eine niedrige Oberflächenspannung der Schlacken ist günstig, um den Stofftransport vom Metall zur Schlacke zu erleichtern. Zur Verbesserung des Reinigungsprozesses vom geschmolzenen Metall in die Schlacke und zur Erleichterung der Schlackenhautbildung zwischen Block und Kokille ist eine niedrige Viskosität der Schlacken notwendig.

Bei Eisen, Stahl und Schwermetallen ist der Unterschied zwischen der Dichte des geschmolzenen Metalls und der geschmolzenen Schlacke so groß, daß keine Schwierigkeiten beim Umschmelzen auftreten. Bei Leichtmetallen muß dagegen die Auswahl der Schlackenkomponenten auch im Hinblick auf die Dichteunterschiede erfolgen. Darüber hinaus ist die Kenntnis der Dichte aber bei allen Schlacken wichtig für die theoretische Behandlung der Struktur geschmolzener Salze und Salzmischungen.

2.3 Schlackenzusammensetzung und Schrifttumsangaben über Untersuchungen zur Bestimmung der Eigenschaften von Schlacken des Systems CaF_2—CaO—Al_2O_3

Die Elektroschlackenzusammensetzung richtet sich nach dem umzuschmelzenden Metall und den darin enthaltenen Verunreinigungen. Die folgende Tabelle zeigt einige Elektroschlacken, die zum Stahlumschmelzen benutzt werden (Tab. 1). Tab. 2 zeigt die Zusammenstellung der Literaturangaben über Untersuchungen von CaF_2-haltigen Schlacken. Am Ende dieser Zusammenstellung sind auch die Eigenschaftswerte einiger fluoridfreier Schlacken des Systems CaO—Al_2O_3 wiedergegeben.

Tab. 1   Schlackenzusammensetzung in Gew.-%

CaF_2	Al_2O_3	CaO	MgO	MnO	SiO_2	TiO_2	Lit.
95	–	5	–	–	–	–	[3]
92 (min)	–	–	–	–	5 (max)	–	[4]
65–75	–	18–30	–	–	2	–	[5]
60–70	30–40	–	–	–	2	–	[5]
65–75	–	–	18–25	–	2	–	[5]
65	30	5	–	–	–	–	[3]
45–60	20–27	16–23	3	–	4	–	[4]
44,5	23,66	10,52	–	–	–	20,86	[6]
33–40	–	12–15	2–4	–	6–9	30–40	[4]
29,8	30	6,8	10,2	–	21	–	[7]
20–24	19–23	12–15	11–15	7–9	18–21,5	–	[4]
21,2	40,8	17,8	16,3	–	3,3	–	[7]
13–19	11–15	4,7	5–7	21–26	33–36	–	[4]
17,6	40,4	26,3	15,7	–	–	–	[8]
14,1	39	36,8	0,4	–	8	–	[7]
12–16	5,5	4–8	1	28–32	35–38	–	[9]
5–6	3	3	16–18	24–26	46–48	–	[9]
3,5–4,5	4,5	5,5	5,7–7,5	34–37	41–43	–	[9]
–	57,4	36,2	6,4	–	–	–	[8]
–	55	45	–	–	–	–	[10]

Tab. 2

Schlackenzusammensetzung (Gew.-%)	Eigenschaftswerte	Lit.
CaF_2 (A.R.-Grad)	$\varkappa = 4{,}1$ (1545°C)	[11]
	$d = 2{,}75$ (1500°C)	
CaF_2 (98% CaF_2)	$\varkappa = 4{,}0$ (1600°C) bei $f = 50$ Hz	[6]
CaF_2 (98,1%)	$\varkappa = 3{,}5$ (1388°C) bei $f = 50$ Hz	[12]
CaF_2 (Analyse nicht angegeben)	$d = 2{,}4$ (1400°C)	[5]
	$\sigma = 400$ (1400°C)	
CaF_2 (Analyse nicht angegeben)	$\sigma = 280$ (1510°C)	[13]
CaF_2 (Analyse nicht angegeben)	$\sigma = 280$	[14]
CaF_2 (98,6%)	$\eta = 0{,}2$ (1425°C)	[15]
80 CaF_2, 20 CaO	$\varkappa = 2{,}56$ (1388°C)	[12]
90 CaF_2, 10 Al_2O_3	$\varkappa = 1{,}82$ (1388°C)	[12]
70 CaF_2, 30 CaO	$d = 2{,}62$ (1500°C)	[5]
	$\sigma = 430$ (1500°C)	
70,3 CaF_2, 29,7 Al_2O_3	$d = 2{,}9$ (1500°C)	[5]
	$\sigma = 450$ (1500°C)	
65 CaF_2, 35 Al_2O_3	$\varkappa = 0{,}9$ (1500°C) bei $f = 50$ Hz	[10]
95 CaF_2, 5 CaO	$\sigma = 290$ (1510°C)	[13]
74 CaF_2, 26 CaO	$\sigma = 315$ (1510°C)	[13]
71 CaF_2, 29 Al_2O_3	$\sigma = 330$ (1510°C)	[13]
79,6 CaF_2, 19,9 CaO	$\eta = 0{,}26$ (1400°C)	[15]
79,7 CaF_2, 19,79 Al_2O_3	$\eta = 0{,}43$ (1400°C)	[15]
69,7 CaF_2, 29,85 Al_2O_3	$\eta = 1{,}0$ (1420°C)	[15]
52 CaF_2, 21 CaO, 27 Al_2O_3	$\sigma = 375$ (1510°C)	[13]
39,73 CaF_2, 29,75 CaO, 29,8 Al_2O_3	$\eta = 2{,}28$ (1400°C)	[15]
79,6 CaF_2, 9,7 CaO, 75 Al_2O_3	$\eta = 0{,}43$ (1400°C)	[15]
63,2 CaF_2, 1 CaO, 32,6 Al_2O_3, 1,7 SiO_2, 1,5 Fe_2O_3	$\varkappa = 3{,}09$ (1350°C)	[16]
53,8 CaF_2, 11,8 CaO, 9,4 Al_2O_3, 11,9 MgO, 12,6 SiO_2, 2,3 Fe_2O_3	$\varkappa = 1{,}91$ (1350°C)	[16]
51,8 CaF_2, 20,5 CaO, 24 Al_2O_3, 3,5 Fe_2O_3	$\varkappa = 1{,}45$ (1350°C)	[16]
17,6 CaF_2, 26,3 CaO, 40,4 Al_2O_3, 15,7 MgO	$d = 2{,}8$ (1460°C)	[8]
	$\sigma = 430$ (1460°C)	
21,2 CaF_2, 17,8 CaO, 40,8 Al_2O_3, 16,3 MgO, 3,3 SiO_2	$d = 2{,}73$ (1420°C)	[7]
	$\sigma = 440$ (1420°C)	
52,3 CaF_2, 19,1 CaO, 26,6 Al_2O_3, 1,75 SiO_2, 0,39 FeO	$\varkappa = 5{,}2$ (1600°C) bei $f = 50$ Hz	[6]
13,29 CaF_2, 6,56 CaO, 16,76 Al_2O_3, 23,4 MnO, 5,25 MgO, 1,0 FeO	$\varkappa = 0{,}75$ (1600°C) bei $f = 50$ Hz	[6]
16,3 CaF_2, 50 CaO, 3,7 Al_2O_3, 20 SiO_2, 10 MgO	$\sigma = 390$ (1560°C)	[14]
36,2 CaO, 57,4 Al_2O_3, 6,4 MgO	$\sigma = 610$ (1510°C)	[8]
	$d = 3{,}0$ (1510°C)	
58,5 CaO, 41,5 Al_2O_3	$\sigma = 560$ (1580°C)	[17]
50,6 CaO, 49,4 Al_2O_3	$\sigma = 580$ (1550°C)	[17]
46,8 CaO, 53,2 Al_2O_3	$\sigma = 610$ (1480°C)	[17]
39,7 CaO, 60,3 Al_2O_3	$\sigma = 680$ (1560°C)	[17]
45 CaO, 55 Al_2O_3	$\varkappa = 0{,}31$ (1500°C)	[10]

η in Poise, $\varkappa$ in $\Omega^{-1} \cdot cm^{-1}$, d in g/cm^3 und σ in Dyn/cm

3. Versuchsaufbau und Versuchsdurchführung

3.1 Ofeneinrichtung

Elektrische Leitfähigkeit, Dichte und Oberflächenspannung der untersuchten Salzschlacken wurden mit der gleichen Ofeneinrichtung bestimmt (Abb. 2) Als Heizofen diente ein Hochtemperaturofen mit einer Spezialheizwicklung aus Rhodiumband. Die höchstzulässige Temperatur in der Mitte des Heizrohres beträgt 1600°C. Zur Einstellung der gewünschten Ofentemperatur wurde ein Fallbügelregler benutzt.

Die ausführliche Beschreibung der Ofeneinrichtung sowie der Meßgeräte zur elektrischen Leitfähigkeits- und Dichtemessung ist in der Arbeit von H. WINTERHAGER und L. GREINER [18] enthalten. In der vorliegenden Arbeit diente als Temperaturanzeigegerät der H & B-Fotozellen-Kompensator in Verbindung mit einem Strommesser zur selbsttätigen Kompensation kleiner Gleichspannungen, insbesondere zur Temperaturmessung mit Thermoelementen.

3.2 Leitfähigkeitsmessung

Zur Bestimmung der elektrischen Leitfähigkeit diente eine Präzisions-Thomsonwechselstrombrücke, die von H. WINTERHAGER und Mitarbeitern [19, 20] mehrfach beschrieben wurde. Die Schaltung dieser Meßbrücke ist in Abb. 3 zu sehen. Als Meßelektrode wurde eine Ringelektrode (Abb. 4) gewählt, um die Streufelder zu verringern und die Platinierungsprobleme zu überwinden. Ein Pt/Rh-Tiegel mit ca. 30 cm³ Fassungsvermögen diente als Meßzelle. Die Zellkonstante C wurde mit 30 gewichtsprozentiger H_2SO_4, 1 n KCl und geschmolzenem KNO_3 bei verschiedenen Temperaturen bestimmt. Die Leitfähigkeitswerte dieser Eichsubstanzen wurden der Literatur [21, 22] entnommen.

Tab. 3

Eichsubstanz	t (°C)	$\varkappa\ (\Omega \cdot cm)^{-1}$	$C = \varkappa \cdot R_x\ (cm^{-1})$
30% H_2SO_4	21	0,7768	0,2086
1 n KCl	21	0,10402	0,2101
KNO_3	500	1,110	0,2004
	450	0,970	0,2053
	400	0,810	0,2097

Um eine genaue Bestimmung der Zellkonstante C zu gewährleisten, wurde die Eichung der Meßzelle vor und nach jeder Meßreihe der jeweilig zu untersuchenden Schmelzen durchgeführt. Der Wert der Zellkonstante lag bei den verschiedenen Meßreihen in den Grenzwerten $C = 0,2070$–$0,2100\ cm^{-1}$.

Der unbekannte Schmelzwiderstand R_x wird durch folgende Formel berechnet [18]:

$$R_x = R_4(R_N + \omega L \cdot R_4 \cdot C_4)/R_3 \cdot (1 + \omega^2 R_4^2 \cdot C_4^2) \quad [\text{Ohm}] \quad (1)$$

R_N und R_3 sind zwei ausgesuchte konstante Widerstände, ω ist die Kreisfrequenz. Die in dieser Arbeit wiedergegebenen Leitfähigkeitswerte sind aus den bei 50 kHz gemessenen L-, R_4- und C_4-Werten berechnet worden.

3.3 Dichtemessung

Die Dichte wurde nach dem hydrostatischen Wägeverfahren bestimmt. Als Eintauchkörper diente ein an beiden Enden spitz zulaufender massiver Pt/Rh-80/20-Zylinder. Diese Form verleiht dem Senkkörper in der Schmelze einen geringen Strömungswiderstand. Es muß noch hervorgehoben werden, daß beim Wägen des Senkkörpers in der Schmelze das Gewicht des Senkkörpers unter dem Einfluß ihrer Oberflächenspannung etwas größer wird, als es der Wirklichkeit entspricht. Durch Messungen mit zwei verschiedenen Eintauchkörpern an Drähten mit gleichem Durchmesser konnte die Oberflächenspannung der Schmelze eliminiert werden.

Zur Messung des Auftriebes diente eine für diesen Zweck umgebaute Analysenwaage (Abb. 5), die auf einer wassergekühlten Unterlage in das Innere des Meßofens geführt werden konnte. Die andere Seite des Waagebalkens war mit der Waagschale für die Auflagegewichte belastet.

Zur Dichtemessung muß zunächst das Volumen des Senkkörpers bei Raumtemperatur bestimmt werden.

$$V_0 = (G_L - G_W)/d_W \qquad [cm_3]$$

Wobei ist:

G_L = Gewicht des Senkkörpers in Luft
G_W = Gewicht des Senkkörpers in destilliertem Wasser
d_W = Dichte des Wassers bei Raumtemperatur

Das Volumen des Senkkörpers bei der Versuchstemperatur t kann durch folgende Gleichung berechnet werden:

$$V_t = V_0(1 + 3\alpha t) \qquad [cm^3]$$

Der Ausdehnungskoeffizient α von Pt/Rh 80/20 wurde aus der Literatur [23] entnommen.

$$d_S = (G_L - G_S)/V_t \qquad [g/cm^3] \qquad (2)$$

d_S ist die Dichte der Schmelze bei der Versuchstemperatur t.
G_S ist das Gewicht des Senkkörpers in der Schmelze.
Durch Messungen mit zwei verschiedenen Senkkörpern an Drähten mit gleichem Durchmesser kann die Oberflächenspannung eliminiert werden.

Senkkörper I:

$$d_S = G_{L_1} - (G_{S_1} - A)/V_{t_1}$$
$$d_S \cdot V_{t_1} = G_1 + A \qquad (3)$$

Senkkörper II:

$$d_S = G_{L_2} - (G_{S_2} - A)/V_{t_2}$$
$$d_S \cdot V_{t_2} = \Delta G_2 + A \qquad (4)$$

Aus den Gl. (3) und (4) erhält man die folgende Endformel (5) zur Dichteberechnung.

$$d_S = (\Delta G_1 - \Delta G_2)/(V_{t_1} - V_{t_2}) \qquad (5)$$

V_0-*Berechnung*:

	Senkkörper I	Senkkörper II
G_L (g)	12,7620	23,1562
G_W (g)	12,15174	21,9908
$G_L - G_W$ (g)	0,61026	1,1654
d_W bei 20°C (g/cm³)	0,998203	0,998203
$V_0 = (G_L - G_W)/d_W$ (cm³)	0,61136	1,16761

d_W ist aus der Literatur entnommen [24].
Die V_t-Werte für die Senkkörper I und II bei den verschiedenen Temperaturen sind in Tab. 4 aufgeführt.

Tab. 4

t (°C)	V_{t_1} (cm³)	V_{t_2} (cm³)
700	0,624096	1,191930
750	0,624910	1,193489
800	0,626150	1,195860
850	0,627199	1,197860
900	0,628263	1,199890
950	0,629330	1,201940
1000	0,630416	1,204000
1050	0,631523	1,206120
1100	0,632644	1,208260
1150	0,633781	1,210430
1200	0,634888	1,212540
1250	0,636131	1,214920
1300	0,637373	1,217290
1325	0,637984	1,218456
1350	0,638593	1,219620
1375	0,639202	1,220790
1400	0,639810	1,221950
1425	0,640440	1,223149
1450	0,641070	1,224340
1475	0,641706	1,225550
1500	0,642340	1,226770
1525	0,642955	1,227950
1550	0,643571	1,229130

Als Beispiel wird die Dichte von NaF bei 1200°C berechnet:

Für Senkkörper I:

$$G_{L_1} = 12,762 \text{ g}$$
$$V_{t_1} = 0,634888 \text{ cm}^3$$
$$G_{S_1} = 11,6475 \text{ g}$$
$$\Delta G_1 = 1,1345 \text{ g}$$

Für Senkkörper II:

$$G_{L_2} = 23{,}1562 \text{ g}$$
$$V_{t_2} = 1{,}21254 \text{ cm}^3$$
$$G_{S_2} = 20{,}9842 \text{ g}$$
$$\Delta G_2 = 2{,}172 \text{ g}$$
$$dx = \frac{(1{,}1345 - 2{,}172)}{(0{,}634888 - 1{,}21254)} = \frac{1{,}03750}{0{,}577652} = 1{,}7960 \text{ g/cm}^3$$

3.4 Oberflächenspannungsmessung

Es sind verschiedene statische und dynamische Methoden zur Messung der Oberflächenspannung geschmolzener Salze und Schlacken an der Grenze zur Gasphase entwickelt worden. Zu den statischen Bestimmungsverfahren gehören die folgenden Methoden:

1. Die Methode des Abreißens eines Ringes oder eines Zylinders (Abreißmethode).
2. Die Methode der Messung des Maximaldrucks von Glasbläschen (Blasendruckmethode).
3. Die Methode des Messens der Steighöhe einer Flüssigkeit in Kapillarröhrchen.

Auf dynamische Weise ist die Oberflächenspannung durch Oberflächenwellen und Oberflächenschwingungen von Tropfen bestimmt worden. Für die Untersuchung von geschmolzenen Salzen, Schlacken und Gläsern sind die Abreißmethode [25–28], die Blasendruckmethode [8, 17, 29–33] und das Verfahren des ruhenden Tropfens [30, 34, 35] benutzt worden.

In dieser Arbeit ist die Zylinderabreißmethode zur Oberflächenspannungsmessung benutzt worden. Diese Methode ist die Modifikation der bekannten Ringabreißmethode [36], bei der der Ring durch einen Hohlzylinder ersetzt wird. Das Prinzip der Zylinderabreißmethode ist in Abb. 6a dargestellt.

3.41 Der Meßzylinder

Der Meßzylinder besteht aus einer Legierung von Platin mit 10% Rhodium.

Abmessungen:

Außendurchmesser = 10 mm
Höhe = 20 mm
Wandstärke = 0,25 mm

Der Zylinder ist mit zwei Ösen von 2 mm lichter Weite aus 0,50 mm starkem Draht (Pt/Rh 90/10) versehen.

Die Aufhängung des Meßzylinders am Zylinderbügel (aus derselben Legierung) muß eine genaue horizontale Lage der Zylinderebene gewährleisten.

Es wird empfohlen [37], die Zylinderdicke unter Mikroskop auszumessen und einen Durchschnittswert zu ermitteln. Mit Hilfe einer Präzisionsschublehre konnte der Zylinderdurchmesser mit größter Genauigkeit bestimmt werden.

Der Meßzylinder ist eine Sonderfertigung von DEGUSSA. Der Zylinder verlangt besondere Sorgfalt bei der Handhabung und Reinhaltung. Die exakte Ausmessung des Zylinders ist Voraussetzung für eine genaue Bestimmung der Oberflächenspannung.

3.42 Oberflächenspannungsberechnung

Als Oberflächenspannung wird die Kraft in Dyn definiert, mit der ein aus einer ebenen Oberfläche geschnitten gedachter Streifen von 1 cm Breite bestrebt ist, sich in seiner Längsrichtung zusammenzuziehen [38].

Wie aus Abb. 6b zu ersehen, wirken sich folgende Kräfte auf den Zylinder aus:
1. $k_1 = P \cdot \pi (r_2^2 - r_1^2)$
2. $k_2 = \pi (P - g \cdot d \cdot H)(r_2^2 - r_1^2)$
3. $k_3 = 2\pi (r_1 + r_2) \cdot \sigma \cdot \sin \Theta$

Die ins innere gerichtete resultierende Kraft K ist gleich Σk.

$$K = 2\pi (r_1 + r_2) \cdot \sigma \cdot \sin \Theta + \pi \cdot g \cdot d \cdot h (r_2^2 - r_1^2) \qquad (6)$$

Als Annäherung wird $r_2 = r_1$ und $= 90°$ angenommen.

$$K = 4\pi \cdot r \cdot \sigma \qquad [\text{Dyn}] \qquad (7)$$
$$\sigma = K/4\pi \cdot r \qquad [\text{Dyn/cm}] \qquad (8)$$

wobei ist

K = maximale Abreißkraft in Dyn = $g \cdot G$
g = Erdbeschleunigung (981 cm/sec² in der Nähe der Erdoberfläche)
G = maximale Last in Gramm
r = mittlerer Zylinderradius in cm
σ = Oberflächenspannung der zu untersuchenden Schmelze in Dyn/cm

Der Meßzylinder wird unter langsam und kontinuierlich zunehmender Spannung von der Schmelzoberfläche abgezogen, um die maximale Abreißkraft (K) vor dem Abreißen des Zylinders festzustellen. Zur Messung der Spannung diente eine Analysenwaage (Abb. 5), die bei der Dichtemessung benutzt wurde. Die Waage ist auf einer wassergekühlten Unterlage über dem Ofen angebracht. Die Krafterzeugung erfolgt durch Heben des Meßzylinders von der Schmelzoberfläche mit Hilfe eines regelbaren Getriebemotors. Um die Erschütterung möglichst zu vermeiden, muß der Getriebemotor mit der niedrigsten Geschwindigkeit gefahren werden.

Durch eine spezifische Formänderung des hochgehobenen Schmelzvolumens erreicht die Spannung ihr Maximum nicht bei jener Zylinderhöhe, bei welcher dieser abreißt, sondern stets und oft bedeutend früher. Diese Erscheinung rührt von der ständigen Formänderung der hochgehobenen Schmelzsäule unter dem Einfluß der Oberflächenspannung her.

W. D. HARKINS und H. F. JORDAN [39] entwickelten eine andere Formel, bei der F ein Korrekturfaktor ist.

$$\sigma = (K 4\pi \cdot r) \cdot F \qquad [\text{Dyn/cm}] \qquad (9)$$

Der Korrekturfaktor F berücksichtigt die Abweichung der geometrischen Form der gehobenen Schmelzsäule vom Zylinder.

3.43 Korrekturfaktorbestimmung

Der Korrekturfaktor F ist abhängig von der Höhe des Zylinders über dem Flüssigkeitsspiegel, der Spannung bzw. dem Gewicht der gehobenen Schmelzsäule, sowie den Zylinderdimensionen.

$$F = f(r^3/V, r/x) \qquad (10)$$

r = mittlerer Zylinderradius in cm
x = Halbwandstärke des Meßzylinders in cm
V = Volumen der gehobenen Schmelzsäule in cm^3
  = G/d
G = Gewicht der gehobenen Flüssigkeitssäule in g
d = Dichte der Schmelze in g/cm^3

Mit Hilfe von Oberflächenspannungsmessungen an Flüssigkeiten von bekannter Oberflächenspannung, z. B. Destilliertes H$_2$O, Glyzerin und Tetrachlorkohlenstoff (Ccl$_4$), konnte man das Korrekturfaktordiagramm (Abb. 7) darstellen.
Die Oberflächenspannung wird nach Gl. (8) berechnet.

$$r = 0{,}4875 \text{ cm}$$
$$\sigma = 981 \cdot G_{max}/4\pi\,0{,}4875$$
$$\sigma = 160{,}216 \cdot G_{max} \quad \text{[Dyn/cm]}$$

Tab. 5

Flüssigkeit	T (°C)	G_{max} (g)	$\sigma_{beob.}$	d (g/cm^3)	V (cm^3)
CCl$_4$	20	0,1690	27,18	1,5985	0,10569
Glyzerin	20	0,4038	64,70	1,2604	0,32050
Dest. H$_2$O	18	0,4590	73,63	0,998595	0,45960

Tab. 6

Flüssigkeit	T (°C)	$\sigma_{beob.}$	$\sigma_{lit.}$	r^3/v	$F\left(\dfrac{\sigma_{lit.}}{\sigma_{beob.}}\right)$
CCl$_4$	20	27,18	25,68	1,0962	0,945
Glyzerin	20	64,70	63,4 ± 3	0,3615	0,980
Dest. H$_2$O	18	73,63	72,889	0,2521	0,990

Die Dichte- und $\sigma_{lit.}$-Werte sind aus der Literatur [21, 24] entnommen. Durch Auftragung des Korrekturfaktors F gegen r^3/V erhält man das Korrekturfaktordiagramm (Abb. 7).

3.5 Die Ausgangsstoffe und ihre Vorbereitung

Die Schlackenproben wurden synthetisch aus folgenden Ausganggsstoffen hergestellt:

CaF$_2$: gefällt rein der Firma E. Merck;
folgende Analysenwerte wurden angegeben: 99,40% CaF$_2$, 0,03% Sulfate, 0,001% Chloride, 0,003% Schwermetalle (als Pb), 0,15% Nichtfällbare Anteile (als Sulfate gewogen), 0,50% Glühverluste (800°C).

CaO: der Firma Merck;
die angegebenen Analysenwerte sind: min. 97% CaO, 0,10% Silikate (SiO$_2$)-max., max. 0,005% Schwermetalle (als Pb), max. 0,002% Chloride, max. 0,05% Sulfate und Sulfide (als Sulfate), max. 0,005% Nitrate, max. 2% Glühverluste.

Al$_2$O$_3$: der Firma Merck (wasserfrei, reinst);
min. 99% Al$_2$O$_3$, max. 0,05% Sulfate, max. 0,015% Chloride, max. 0,03% Eisen, max. 1% Glühverluste.

Die Gesamteinwaage einer jeden Schlackenprobe wurde so berechnet, daß sie im Versuchstiegel (Pt/Rh-Tiegel von ca. 30 cm³ Fassungsvermögen) eingeschmolzen werden konnte.

Im Rahmen der vorliegenden Versuche wurden die einzelnen Substanzen unter Argon getrocknet, eingewogen, innig gemischt, zu Preßlingen gepreßt und dann unter Argon eingeschmolzen, um unerwünschte Reaktionen zu vermeiden wie z. B.:

$$CaF_2 + H_2O = CaO + 2\,HF.$$

Vor jeder Messung wird die Schlackenprobe im Versuchsofen eingeschmolzen und eine Stunde bei einer Temperatur von 1550°C homogenisiert, wobei bis zur Konstanz der Meßwerte die Messungen wiederholt wurden.

Schmelzen, deren Zusammensetzung dem Schnitt CaF$_2$—12 CaO · 7 Al$_2$O$_3$ entsprechen, wurden durch Zusammenschmelzen entsprechender Mengen von CaF$_2$ und 12 CaO · 7 Al$_2$O$_3$ hergestellt, wobei die letztere Verbindung vorher im Plasmabrenner aus den Ausgangsstoffen CaO—Al$_2$O$_3$ erschmolzen wurde.

An einigen Stichproben wurde die analytische Zusammensetzung gegenüber der auf Grund der Einwaage berechneten Sollzusammensetzung kontrolliert und festgestellt, daß die Abweichungen so gering sind (ca. 1%), daß für die Auswertung, die auf Grund der Einwaage berechneten Sollzusammensetzung zugrunde gelegt werden kann.

4. Versuchsergebnisse

4.1 Untersuchung des Systems CaF$_2$—CaO

Die Ergebnisse verschiedener Untersuchungen des Schmelzdiagramms des Systems CaF$_2$—CaO sind in Abb. 8 dargestellt [40, 41, 42]. In der Literatur sind verschiedene Schmelztemperaturen für CaF$_2$, wie Tab. 7 zeigt, angegeben.

Tab. 7 Zusammenstellung der Literaturangaben über CaF$_2$-Schmelztemperatur

	ts (°C)	Literatur
Eitel	1386	Zement, 1938, Bd. 27, 455–459
Budnikov & Tresviatski	1390	Doklady Akad. Nauk SSSR, 89, 1953, 479
Porter & Brown	1404	J. Am. Cer. Soc. Jan. 1962
Baak-Olander	1418	Acta Chem. Scand. 1954, 8, 1727
Kelly	1418	US. Bur. Mines Bull., No. 584, 1960, 232
Mukerji	1419 ± 1	Memoires Scientif. Rev. Metall. 60, 1963, 785–796
Vorliegende Arbeit	1417	

Die unterschiedlichen Schmelztemperaturen von CaF$_2$, die in der Literatur angegeben sind, sind vermutlich auf den unterschiedlichen Reinheitsgrad des CaF$_2$, sowie auf die Möglichkeit einer CaO-Bildung beim Schmelzen zurückzuführen.

Die eigenen Erstarrungspunkte der Liquiduslinie im System CaF$_2$—CaO konnten auf Grund der Leitfähigkeitsänderung beim Erstarren der Schmelze ermittelt werden (Abb. 8). Es konnten nur Schmelzen bis zu einem CaO-Gehalt von 31,7 Mol.-% untersucht werden, da bei höherem CaO-Gehalt die Schmelztemperatur zu hoch lag.

Die von T. BAAK festgestellte Mischungslücke im Bereich von 0,8 bis 10 Mol.-% CaO konnte nicht bestätigt werden.

4.11 Abhängigkeit der Eigenschaftswerte ($\varkappa$-, d- und σ-Werte) von der Temperatur und der Zusammensetzung

Für die verschiedenen Schmelzen ergaben sich in Abhängigkeit von der Temperatur die in Tab. A-1 aufgeführten Werte. Die grafische Darstellung der Werte für $\varkappa$, d und σ in Abhängigkeit von der Temperatur ist in Abb. 10, 11 und 12 wiedergegeben, während Abb. 9 eine Isotherme dieser Eigenschaften bei 1500°C darstellt.

Wie aus Abb. 9 zu ersehen ist, sind die Eigenschaftswerte $\varkappa$, d und σ in Abhängigkeit vom CaO-Gehalt durch einen stetigen Verlauf gekennzeichnet, da aus diesen Werten keine Entmischung abzuleiten ist. Mit zunehmendem CaO-Gehalt ist eine Zunahme der Dichte und der Oberflächenspannung sowie eine Abnahme der elektrischen Leitfähigkeit zu erkennen.

Es zeigt sich, daß die Eigenschaftswerte $\varkappa$, d und σ für die verschiedenen Schmelzen eine lineare Temperaturabhängigkeit in einem Temperaturmeßbereich von 100°C bei ungleichen Temperaturkoeffizienten aufweisen (Abb. 10–12).

4.12 Auswertung und Diskussion der Versuchsergebnisse

Die Temperaturabhängigkeit der spezifischen Leitfähigkeit einer Schmelze läßt sich gut nach dem Gesetz von E. RASCH und F. W. HINRICHSEN [43] ausdrücken.

$$\varkappa = C \cdot \exp \cdot (-\Delta E_\varkappa/RT) \qquad [\text{Ohm}^{-1} \cdot \text{cm}^{-1}]$$

C bedeutet hier eine temperaturunabhängige Konstante, R die Gaskonstante und T die absolute Temperatur. $\Delta E_\varkappa$ ist die Aktivierungsenergie der Ionen, die für deren Beteiligung an der Stromüberführung erforderlich ist.

$$\lg \varkappa = -\Delta E_\varkappa/4{,}575 \cdot T + B \qquad [\text{Ohm}^{-1} \cdot \text{cm}^{-1}]$$

B bedeutet eine temperaturunabhängige Konstante. In Abb. 13 sind die log $\varkappa$-Werte in Abhängigkeit von der reziproken absoluten Temperatur für die verschiedenen Schmelzen dargestellt. Für jede Schmelze erhält man eine Gerade, aus deren Neigung die Aktivierungsenergie $\Delta E_\varkappa$ berechnet werden kann.

Tab. 8

Mol.-% CaO	Temperaturabhängigkeit von $\varkappa$	$\Delta E_\varkappa$ (Kcal/Mol)
0,0 (CaF$_2$)	log $\varkappa$ = − 1198/T + 1,3473	5,48
6,16	log $\varkappa$ = − 1497/T + 1,4773	6,85
9,76	log $\varkappa$ = − 1696/T + 1,5238	7,76
16,66	log $\varkappa$ = − 1985/T + 1,6939	9,08
25,22	log $\varkappa$ = − 2273/T + 1,8170	10,40
31,70	log $\varkappa$ = − 2339/T + 1,8312	10,70

Um die elektrische Leitfähigkeit der einzelnen Schmelzen miteinander zu vergleichen, ist es zweckmäßig, sie auf ein Äquivalent zu beziehen. Die Äquivalentleitfähigkeit ergibt sich aus der folgenden Beziehung:

$$\lambda = \varkappa \cdot V_{\ddot{a}} \qquad [\text{Ohm}^{-1} \cdot \text{cm}^2]$$

wobei die spezifische elektrische Leitfähigkeit, λ die Äquivalentleitfähigkeit und $V_{\ddot{a}}$ das Äquivalentvolumen der Schmelze ist. Das Äquivalentvolumen ist definiert durch:

$$V_{\ddot{a}} = \Sigma e_i \cdot E_i / d \qquad [\text{cm}^3/\text{Äquiv.}]$$

wo e_i der Äquivalentbruch der jeweiligen Komponente des Äquivalentgewichtes E_i ist und d die Dichte der Schmelze.

In Tab. A-2 sind die Äquivalentleitfähigkeitswerte bei den verschiedenen Temperaturen für die verschiedenen Schmelzen aufgeführt. In Abb. 14 sind der Verlauf der Äquivalentleitfähigkeitsisothermen bei 1550, 1500 und 1450 °C sowie die Aktivierungsenergie $\Delta E_\varkappa$ in Abhängigkeit von der Zusammensetzung zu ersehen.

Bei einer Temperatur von 1500 °C ist eine Abnahme der Äquivalentleitfähigkeit von 70,834 Ohm^{-1} · cm^2 bei 100 Mol.-% CaF$_2$ bis auf 43,166 Ohm^{-1} · cm^2 bei 31,70 Mol.-% CaO zu erkennen.

Die Eigenschaftsänderung einer Schmelze in Abhängigkeit von der Zusammensetzung läßt sich an Hand des strukturellen Zustands des Systems in der festen Phase deuten, sofern man sich nicht so weit vom Schmelzpunkt entfernt.

In Abb. 14 sind die Eigenschaftswerte λ, σ, d und V_m bei 1500 °C in Abhängigkeit von der Zusammensetzung dargestellt.

Es ist wichtig zu erwähnen, daß die Fluorionen im CaF$_2$-Gitter, die in größerer Anzahl vorhanden sind und eine kleinere Ladungsmenge aufweisen, eine größere Wahrscheinlichkeit für Platzwechselvermögen (F^--Leerstellenwanderung) besitzen.

Daraus ergibt sich, daß die elektrische Leitfähigkeit von CaF$_2$ durch die F^--Leerstellen bestimmt wurde [44]. Durch CaO-Zusatz zur CaF$_2$-Schmelze dürfte ein großer Anteil der O^{2-}-Ionen ($r_0^2{-} = 0,132$ nm) in die Fluorionenleerstellen ($r_F{-} = 0,133$ nm) wandern, wobei der entsprechende Anteil der Ca^{2+}-Ionen in die Zwischengitterplätze geht. Das führt zur Verringerung der F^--Leerstellenanzahl (Dichtezunahme der Schmelze) und zur Verminderung der Wanderungsgeschwindigkeit der F^--Leerstellen. Dadurch wird die elektrische Leitfähigkeit der Schmelze verringert.

Die Zugabe von CaO zur CaF$_2$-Schmelze ist mit einer Dichte- sowie Oberflächenspannungszunahme verbunden. Das läßt sich erklären, durch das unterschiedliche magnetische Multipol-Moment der Anionen, wie die folgende **Tabelle** zeigt [9]:

Tab. 9

Ion	Radius (nm)	Moment · 10^{10} el. st. ed./cm
F$^-$	0,133	2,80
O^{2-}	0,132	7,30

Durch CaO-Zusatz zur CaF$_2$-Schmelze treten in der Schmelze die stärkeren O^{2-}-Ionen auf, die zu einer Verstärkung der Bindungskräfte zwischen den Ionen führt und damit eine Verringerung der Ionzwischenräume und dem entsprechend eine Abnahme des Molvolumens sowie eine Zunahme der Dichte und der Oberflächenspannung (Verstärkung der Bindungskräfte zwischen den Oberflächenionen und dem Hauptteil der Schmelze).

Das Molvolumen V_m ist definiert durch:

$$V_m = \sum x_i \cdot M_i/d \quad [\text{cm}^3/\text{Mol}]$$

wobei x_i der Molenbruch der jeweiligen Komponente des Molgewichts M_i und d die Dichte der Schmelze ist.

In Tab. A-2 sind die Molvolumenwerte bei den verschiedenen Temperaturen für die verschiedenen Schmelzen aufgeführt.

Abb. 15 zeigt eine Zusammenstellung von Isothermen verschiedener Eigenschaftswerte im Vergleich zu Angaben des Schrifttums. Offenbar sind die Abweichungen der eigenen Meßwerte gegenüber Schrifttumsangaben beträchtlich, was sicherlich im wesentlichen zurückzuführen ist, daß frühere Untersuchungen mit unreinen Substanzen durchgeführt wurden.

Dies geht hervor aus der auftretenden Mischungslücke bei den Untersuchungen von T. BAAK (Kohlenstofftiegel als Meßtiegel), die sich auch in den Angaben über die Dichte und die elektrische Leitfähigkeit bemerkbar machte, sowie aus der Tatsache, daß bei den Werten von B. E. LOPAEV eine Temperatur für die Isotherme angegeben wird, die um 30°C unterhalb des Schmelzpunktes von reinem CaF_2 liegt. Außerdem erfolgte die Bestimmung der elektrischen Leitfähigkeitswerte bei einer Frequenz von 50 Hz, so daß die Polarisationserscheinung die Meßwerte verfälschen kann.

Die erheblichen Unterschiede in den Dichteangaben dürften auf die unterschiedlichen Reinheitsgrade des verwendeten CaF_2 zurückzuführen sein.

4.2 Untersuchung des Systems CaF_2—Al_2O_3

Das Zustandsschaubild des Systems CaF_2—Al_2O_3 ist in Abb. 16 dargestellt [45].

4.21 Abhängigkeit der Eigenschaftswerte ($\varkappa$-, d- und σ-Werte) von der Temperatur und der Zusammensetzung

In Tab. A-3 sind für die verschiedenen Schmelzen die $\varkappa$-, d- und σ-Werte in Abhängigkeit von der Temperatur angegeben. In den Abb. 18, 19 und 20 sind die $\varkappa$-, d- und σ-Werte in Abhängigkeit von der Temperatur grafisch dargestellt, während Abb. 17 eine Isotherme dieser Eigenschaften bei 1500°C darstellt.

Es ist zu ersehen, daß die Eigenschaftswerte $\varkappa$, d und σ für die verschiedenen Schmelzen eine lineare Temperaturabhängigkeit bei ungleichem Temperaturkoeffizienten aufweisen.

4.22 Auswertung und Diskussion der Versuchsergebnisse

In Abb. 21 sind die log $\varkappa$-Werte in Abhängigkeit von der reziproken absoluten Temperatur für die verschiedenen Schmelzen dargestellt. Die Temperaturabhängigkeit der spezifischen elektrischen Leitfähigkeit für die verschiedenen Schmelzen in der Tabelle [10] enthalten.

Mit Hilfe der Dichtemessungen sind die Werte der Äquivalentleitfähigkeit, die in Tab. A-4 angegeben sind, berechnet worden. In Abb. 22 sind der Verlauf der Äquivalentleitfähigkeitsisothermen bei 1550, 1500 und 1450°C sowie die Aktivierungsenergie $\Delta E_\varkappa$ (in dem Temperaturbereich 1550 bis 1450°C) in Abhängigkeit vom

Tab. 10

Mol.-% Al_2O_3	Temperaturabhängigkeit von $\varkappa$	$\Delta E_\varkappa$ (Kcal/Mol)
0,0 (CaF_2)	$\log \varkappa = -1198/T + 1,3473$	5,48
3,57	$\log \varkappa = -1777/T + 1,6153$	8,13
6,88	$\log \varkappa = -2066/T + 1,7313$	9,45
12,22	$\log \varkappa = -2953/T + 2,1716$	13,51
16,07	$\log \varkappa = -3958/T + 2,7042$	18,11

Al_2O_3-Gehalt zu ersehen. Ferner ist der Verlauf der Dichte, der Oberflächenspannung und des Molvolumens bei 1500°C wiedergegeben.

Die starke Abnahme der elektrischen Leitfähigkeit durch Al_2O_3-Zusatz läßt sich wie folgt erklären:

Al_2O_3 hat im Gegensatz zum CaO kovalente Bindung und zerfällt nicht in einfache Ionen, sondern man nimmt an, daß die Dissoziation des Al_2O_3 nach folgender Gleichung abläuft [46]:

$$Al_2O_3 \rightleftharpoons Al^{3+} + AlO_3^{3-}$$

Durch Zugabe von Al_2O_3 zur CaF_2-Schmelze liegen in der Schmelze außer den Ca-Ionen und den F^--Ionen, die reaktionsstarken Al^{3+}-Ionen sowie auch der AlO_3^{3-}-Anionenkomplex vor. Das Al^{3+}-Ion besitzt ein viel stärkeres magnetisches Multipolmoment als das Ca^{2+}-Ion, wie die folgende Tabelle zeigt [11].

Tab. 11

Ion	Radius (nm)	Moment · 10^{10} el. std. ed./cm
Ca^{2+}	0,106	9,50
Al^{3+}	0,057	25,20

Das führt zu einer F^--Ansammlung um das Al^{3+}-Ion. Dadurch wird die Wanderungsgeschwindigkeit der Fluorionen vermindert und die elektrische Leitfähigkeit reduziert.
Es dürfte auch ein großer Anteil der O^{2-}-Ionen in die F^--Leerstellen wandern. Dadurch kommt es zu einer Verringerung der F^--Leerstellenanzahl und der F^--Wanderungsgeschwindigkeit und somit zu einer Abnahme der elektrischen Leitfähigkeit der Schmelze.
Durch Al_2O_3-Zusatz zur CaF_2-Schmelze findet eine starke gegenseitige Ionenpolarisation statt, die zu einer Verstärkung der Bindungskräfte zwischen den Ionen führt. Die Folge dieser Polarisation ist die Verringerung der Ionzwischenräume und dementsprechend eine Abnahme des Molvolumens sowie eine Zunahme der Dichte und der Oberflächenspannung. Die Komplexionenbildung in einer Schmelze führt zu einer lockeren Struktur und normalerweise zu einer Molvolumenzunahme, aber im vorliegenden Fall ist eine Molvolumenabnahme zu erkennen, die auf eine starke gegenseitige Ionenpolarisation zurückzuführen ist.
Die Al^{3+}-Ionen, die sich in der Oberflächenschicht der Schmelze befinden, ziehen die F^--Ionen stärker an, wobei es zu einer F^--Ansammlung um die Al^{3+}-Ionen kommt.

Dadurch wird die Bindung zwischen den Ionen verstärkt und damit eine Zunahme der Oberflächenspannung erreicht.

Es tritt infolge einer Zugabe von 16,07 Mol.-% Al_2O_3 zur CaF_2-Schmelze eine Oberflächenspannungszunahme von 25,71 Dyn/cm, eine Dichtezunahme von 0,175 g/cm³ und eine Äquivalentleitfähigkeitsabnahme von 37,644 Ohm^{-1} · cm² · Äquiv.$^{-1}$ bei einer Temperatur von 1500°C ein.

In Abb. 23 sind die eigenen Werte als Isotherme für 1500°C den Schrifttumsangaben gegenübergestellt.

Ähnlich wie bei der Darstellung des Systems CaF_2—CaO sind die Abweichungen der eigenen Werte gegenüber den Angaben im Schrifttum erheblich, was wiederum auf den mangelnden Reinheitsgrad der verwendeten CaF_2 bei früheren Untersuchungen zurückzuführen ist. Zu niedrige Schmelzpunkte, zu niedrige Dichte und erhebliche geringere elektrische Leitfähigkeit kennzeichnen das von anderen Forschern verwendete CaF_2 als technisches Produkt (Flußspat oder Fluorit-Konzentrat). Im russischen Schrifttum wurde erwähnt, daß zur Elektroschlackenherstellung CaF_2 in Form von Fluorit-Konzentrat benutzt wurde [8, 47]. Für Fluorit-Konzentrate vom Takobsk-Gebiet in der UdSSR sind folgende Analysenwerte:

SiO_2	CaO	S	Fe_2O_3	CaF_2
2,46	2,06	0,70	0,27	94,51

angegeben [47].

Interessant ist auch eine Gegenüberstellung der Eigenschaftswerte von Schmelzen der beiden binären Systeme CaF_2—CaO und CaF_2—Al_2O_3 in isothermer Darstellung (Abb. 24).

In beiden Systemen zeigt sich ein sehr ähnlicher Verlauf der Eigenschaftswerte in Abhängigkeit von der Zusammensetzung, wobei der bemerkenswerte Unterschied im Verlauf der Werte für die Aktivierungsenergie $\Delta E_\varkappa$ augenfällig ist. Die wesentlich höheren Werte für $\Delta E_\varkappa$ im System CaF_2—Al_2O_3 lassen erwarten, daß bei der Betriebstemperatur beim ESU-Prozeß (ca. 1900°C) die elektrische Leitfähigkeit von Schmelzen des Systems CaF_2—Al_2O_3 den Werten des Systems CaF_2—CaO weitgehend angenähert sein werden.

Alle untersuchten Schmelzen im System CaF_2—CaO besitzen fast die gleiche elektrische Leitfähigkeit ($\varkappa \approx 6{,}31\ \Omega^{-1} \cdot cm^{-1}$) bei einer Temperatur von ca. 2210°C (Abb. 13), ebenso besitzen alle untersuchten Schmelzen im System CaF_2—Al_2O_3 fast die gleiche elektrische Leitfähigkeit ($\varkappa \approx 6{,}11\ \Omega^{-1} \cdot cm^{-1}$) bei einer Temperatur von 2140°C (Abb. 21).

4.3 Untersuchung im System CaF_2—CaO—Al_2O_3

Das Zustandsdiagramm CaF_2—CaO—Al_2O_3 ist in Abb. 25 dargestellt [45].

Die Lage der untersuchten Schmelzen im ternären System CaF_2—CaO—Al_2O_3 ist aus Abb. 26 zu ersehen, die Sollzusammensetzung der Schmelzen ist in Tab. 12 wiedergegeben. In Tab. A-5 sind für die verschiedenen Schmelzen die $\varkappa$-, d-, σ- und λ-Werte bei einer Temperatur von 1500°C angegeben. Die Darstellung der Eigenschaftswerte in Dreieckskoordinaten für eine Temperatur von 1500°C ist in den Abb. 27–30 zu ersehen. Es war nicht möglich, den Temperaturkoeffizienten der elektrischen Leitfähigkeit für alle untersuchten Schmelzen zu bestimmen, da bei einigen Schmelzproben der Temperaturmeßbereich zu gering war. Die Temperaturabhängigkeit der elektrischen Leitfähigkeit einiger Schmelzen ist in Tab. 13 angegeben und in Abb. 31 dargestellt.

Tab. 12 Zusammensetzung der untersuchten Schmelzen im System CaF_2—CaO—Al_2O_3:

Schmelze	Zusammensetzung (Gew.-%)		
	CaF_2	CaO	Al_2O_3
1	90	5	5
2	88,8	8,7	2,5
3	85	7,5	7,5
4	80	15	5
5	80	13,3	6,7
6	80	10	10
7	80	5	15
8	75	20	5
9	75	15	10
10	75	10	15
11	70	20	10
12	70	15	15
13	70	10	20
14	65	17,5	17,5
15	60	20	20
16	50	25	25
17	40	30	30
18	30	35	35
19	20	40	40
20	10	45	45

Tab. 13

Schmelzprobe	Temperaturabhängigkeit von $\varkappa$	$\Delta E_\varkappa$ (Kcal/Mol)
1	$\log \varkappa = -2063/T + 1,734$	9,44
4	$\log \varkappa = -2500/T + 1,944$	11,44
6	$\log \varkappa = -2938/T + 2,157$	13,44
9	$\log \varkappa = -3125/T + 2,250$	14,30
11	$\log \varkappa = -3313/T + 2,326$	15,16
13	$\log \varkappa = -3438/T + 2,362$	15,73
15	$\log \varkappa = -4375/T + 2,838$	20,02
16	$\log \varkappa = -5000/T + 3,123$	22,88
17	$\log \varkappa = -5875/T + 3,532$	26,88
18	$\log \varkappa = -6750/T + 3,916$	30,89

Um den Einfluß von CaO und Al_2O_3 auf die Eigenschaftswerte deutlich zu machen, wurden $\varkappa$-, σ-, d- und λ-Werte einerseits in Abhängigkeit vom CaO/Al_2O_3-Verhältnis bei jeweils konstantem CaF_2-Anteil (Abb. 32) und andererseits in Abhängigkeit von der Sauerstoffkonzentration [O] (Abb. 33) dargestellt. Eine Zunahme der [O] ist mit einer Zunahme der elektrischen Leitfähigkeit der Schmelze verbunden. Vergleicht man die Linien gleicher [O] im ternären System (Abb. 34) mit den Linien gleicher spezifischer elektrischer Leitfähigkeit, so ist augenscheinlich ein sehr ähnlicher Verlauf beider Werte zu erkennen (Abb. 27).

Durch Zusatz von CaO und Al_2O_3 zur CaF_2-Schmelze treten in der Schmelze die stärkeren Sauerstoffionen O^{2-} ($M = 7,3$) und Al^{3+}-Ionen ($M = 25,2$) auf, die zu einer Verstärkung der Bindungskräfte zwischen den Ionen führen und damit zu einer Zunahme der Dichte, der Oberflächenspannung sowie einer Abnahme der elektrischen Leitfähigkeit der Schmelze.

5. Zusammenfassung

Es wurden die schmelzflüssigen Systeme CaF_2—CaO—Al_2O_3, CaF_2—CaO und CaF_2—Al_2O_3 auf ihre elektrische Leitfähigkeit, Dichte und Oberflächenspannung untersucht und mit Angaben im Schrifttum verglichen.

Die Ermittlung der elektrischen Leitfähigkeit wurde mit einer Pt/Rh-Ringelektrode durchgeführt, wobei als Meßgerät eine Präzisions-Thomson-Wechselstrombrücke mit Frequenzen bis 100 kHz diente.

Die Dichte wurde nach dem hydrostatischen Wägeverfahren bestimmt. Hierbei wurde der Auftrieb ermittelt, den ein massiver Pt/Rh-Senkkörper beim Eintauchen in die zu untersuchende Schmelze erfährt.

Die Oberflächenspannung wurde nach der Zylinderabreißmethode ermittelt, wobei ein Meßzylinder aus Pt/Rh 10 verwendet wurde.

Die Messungen wurden bis zu einer Temperatur von 1550 °C durchgeführt. Die Meßwerte zeigten für $\log \varkappa$ gegen $1/T$, für d gegen T und für σ gegen T lineare Temperaturabhängigkeit. Die lineare Temperaturabhängigkeit der elektrischen Leitfähigkeit $\varkappa$ gegen T ist auf den geringen Temperaturmeßbereich (100 °C) zurückzuführen.

Es wurde festgestellt, daß durch Extrapolation der Linien $\log \varkappa$ gegen $1/T$ für die beiden binären Systeme CaF_2—CaO und CaF_2—Al_2O_3 sowie für das ternäre System CaF_2—CaO—Al_2O_3 die elektrische Leitfähigkeit fast die gleiche ist (sie lag zwischen 6,08 und 6,31 $\Omega^{-1} \cdot cm^{-1}$ bei einer Temperatur zwischen 2140 und 2210 °C).

Mit zunehmendem CaO/Al_2O_3-Verhältnis bei konstantem CaF_2-Gehalt der Schmelze wurde eine Zunahme der elektrischen Leitfähigkeit und eine Abnahme der Dichte und der Oberflächenspannung festgestellt.

Aus der Darstellung der elektrischen Leitfähigkeits- und [O]-Werte in Dreieckskoordinaten ist zu ersehen, daß der Verlauf beider Werte sehr ähnlich ist.

6. Literaturverzeichnis

[1] WINTERHAGER, H., und R. KAMMEL, Z. für Erzbergbau und Metallhüttenwesen, Bd. XXI, 1968, H. 9, 399–405.
[2] PATON, B. E., Stal in Deutsch, 1963, H. 5, 487–492.
[3] ROBINSON, N., und J. A. GRAINGER, Metallurgia, 1963, 67, 161.
[4] PATON, B. E., Electroslag Welding, Publisher Am. Welding Soc., Inc., New York 1962, 102.
[5] YAKOBASHVILI, S. B., und I. I. FRUMIN, Automatic Welding, 1962, Nr. 10, 33–37.
[6] KOLISNYK, V. N., Automatic Welding, 1964, Nr. 4, 9–13.
[7] YAKOBASHVILI, S. B., R. G. MIKABERIDZE, M. G. TARIELASHVILI und T. V. GZIRISHVILI, Automatic Welding, 1961, Nr. 10, 9.
[8] YAKOBASHVILI, S. B., R. G. MIKABERIDZE, M. G. TARIELASHVILI und T. V. GZIRISHVILI.
[9] RICHLING, W., Neue Hütte, 1961, 9, 565–572.
[10] KOLISNYK, V. N., Automatic Welding, 1965, Nr. 7, 80/81.
[11] BAAK, T., Acta Chem. Scand., 1955, 9, 1406.
[12] LOAPEV, B. E., A. A. PLYSHEVSKII und V. V. STEPANOV, Automatic Welding, 1966, Nr. 1, 31–34.

[13] NIKITIN, YU. P., V. G. KORPACHOV und A. N. SAFRANNIKOV, Dokl. Akad. Nauk SSSR, 1963, 148, 160.
[14] BELJAJEW, A. I., Surface Phenomena in Metallurgical Processes, Authorized Translation from the Russian, Consultants Bureau New York 1965, 135.
[15] STEPANOV, V. V., und B. E. LOPAEV, Automatic Welding, 1965, Nr. 11, 31–34.
[16] PODGAETSKII, V. V., und L. A. GERASIMENKO, Automatic Welding, 1960, Nr. 10, 84/85.
[17] YAKOBASHVILI, S. B., T. G. MUDZHIRI und A. V. SKLYAROV, Automatic Welding, 1965, Nr. 8, 52–54.
[18] WINTERHAGER, H., und L. GREINER, Forschungsbericht 1630 des Wirtschafts- und Verkehrsministeriums NRW 1966.
[19] WINTERHAGER, H., und K. HOFMAN, Forschungsbericht 867 des Wirtschafts- und Verkehrsministeriums NRW 1960.
[20] WINTERHAGER, H., und L. WERNER, Forschungsbericht 341 und 438 des Wirtschafts- und Verkehrsministeriums NRW 1955.
[21] D'Ans Lax, Taschenbuch für Chemiker und Physiker, Springer Verlag, 1949, S. 1219, 1002, 1005.
[22] MILTON BLANDER, Molten Salt Chemistry, Interscience Publishers, London 1964, 564.
[23] GMELIN, Handbuch der anorganischen Chemie, 8. Auflage, 1951, Teil 68, Platin, A6, S. 831, Verlag Chemie.
[24] International Critical Tables, Vol. I, S. 176, 184, Vol. III, S. 28, Vol. IV, S. 436, und Vol. VI, S. 142, Mc. Graw-Hill Book, New York, N.Y., 1928, 14.
[25] KING, T. B., J. Soc. Glass Techn. 1951, 35, 214.
[26] SHARTSIS, L., S. SPINNER und A. W. SMOCK, J. Am. Cer. Soc. 1948, 50, 23–27.
[27] BRADBURY, B. T., und W. R. MADDOCKS, J. Soc. Glass Techn. 1959, 43, 326.
[28] WILLIAMS, D. J., B. T. BRADBURY und W. R. MADDOCKS, J. Soc. Glass Techn. 1959, 43, 308.
[29] SAUERWALD, E., B. SCHMIDT und F. PELKA, Z. anorg. und allg. Chemie 1935, Bd. 223, 84–90.
[30] BRADLEY, C. A., J. Am. Cer. Soc. 1938, Vol. 21, Nr. 10, 339–344.
[31] BADGER, A. E., C. W. PARMELEE und A. E. WILLIAMS, J. Am. Cer. Soc. 1937, Vol. 20, 323–329.
[32] BONI, R. E., und G. DERGE, J. of Metals 1956, 8 (1), 53.
[33] BARRETT, L. R., F. I. CERMAN und A. G. THOMAS, J. Soc. Glass Techn. 1959, 43, 179.
[34] ELLEFSON, B. S., und N. W. TAYLOR, J. Am. Cer. Soc. 1938, Vol. 21, Nr. 6, 193–213.
[35] KINGERY, W. D., J. Am. Cer. Soc. 1959, 42, Nr. 1, 6–10.
[36] CHAMPION, F. C., und N. DAVY, Properties of Matter, Black u. Son Limited, London, Glasgow 1947, 125.
[37] STAHLBERGER, B., und A. GUYER, Helvetica Chemica Acta 1950, 33, 243.
[38] BELJAJEW, A. I., und E. A. SHEMTSCHUSHINA und L. A. FIRSANOWA, Physikalische Chemie geschmolzener Salze, 1964, VEB Deutscher Verlag für Grundstoffindustrie, Leipzig, S. 200, 117, 147.
[39] HARKINS, W. D., und H. F. JORDAN, J. Am. Chem. Soc. 1930, 52, 1751.
[40] MUKERJI, J., Memoires Scientif. Rev. Metall. 1963, 60, 785–796.
[41] BAAK, T., und OLANDER, Acta Chemica Scandinavica 1954, 8, 1727.
[42] EITEL, W., Zement, 1938, 27, 455–459.
[43] RASCH, E., und F. W. HINRICHSEN, Z. Elektrochemie, 1908, 14, 41–48.
[44] KRÖGER, F. A., Chemistry of Imperfect Chrystals, Philips Research Laboratories, Eindhoven, the Netherlands North-Holland Publishing Company – Amsterdam, 1964, 424.
[45] HOYLE, G., P. DEWSNAP, D. J. SALT und E. M. BARRS, The British Iron and Steel Research Association (BISRA) MG/A/416/66, London 1966.
[46] BELJAJEW, A. I., M. B. RAPOPORT und L. A. FIRSANOWA, Metallurgie des Aluminiums, Bd. I, VEB Verlag Technik Berlin, 1956, 106.
[47] MEDOVAR, B. I., und B. I. MAKSIMOVICH, Automatic Welding, 1960, Nr. 4, 9–15.

7. Tabellarische Zusammenstellung der Versuchsergebnisse

Tab. A-1 $\varkappa$-, d- und σ-Werte in Abhängigkeit von der Zusammensetzung bei verschiedenen Temperaturen im System CaF_2—CaO

Mol.-% CaO	t (°C)	$\varkappa$ $(\Omega \cdot cm)^{-1}$	d (g/cm³)	σ (Dyn/cm)
0,0	1550	4,899	2,559	280,40
	1525	4,800	2,560	282,48
	1500	4,680	2,580	284,42
	1475	4,600	2,587	286,54
	1450	4,484	2,598	288,35
6,16 (4,5 Gew.-%)	1550	4,610	2,567	282,47
	1525	4,460	2,577	285,00
	1500	4,351	2,585	286,86
	1475	4,231	2,598	289,00
	1450	4,130	2,607	291,10
9,76 (7,21 Gew.-%)	1550	4,392	2,570	285,11
	1525	4,261	2,582	287,13
	1500	4,125	2,589	289,14
	1475	4,021	2,602	291,51
	1450	3,860	2,611	293,23
16,66 (12,56 Gew.-%)	1550	4,103	2,578	289,52
	1525	3,902	2,589	292,01
	1500	3,751	2,600	294,04
	1475	3,620	2,610	296,12
	1450	3,496	2,623	298,02
25,22 (19,5 Gew.-%)	1500	3,730	2,613	295,52
	1525	3,560	2,627	298,10
	1500	3,425	2,639	300,11
	1475	3,280	2,650	302,12
	1450	3,140	2,665	304,03
	1425	3,001	–	306,16
31,7 (25 Gew.-%)	1550	3,560	2,647	304,04
	1525	3,400	2,660	306,10
	1500	3,249	2,676	308,32
	1475	3,101	2,690	310,49
	1450	2,946	2,705	312,52

Tab. A-2 Die Molvolumen- und Äquivalentleitfähigkeitswerte bei verschiedenen Temperaturen sowie die Aktivierungsenergie in Abhängigkeit von der Zusammensetzung

Mol.-% CaO	t (°C)	V_m (cm³/Mol)	λ ($\Omega^{-1} \cdot$ cm² $\cdot$ Äquiv.$^{-1}$)	$\Delta E_\varkappa$ (Kcal/Mol)
0,0	1550	30,512	74,747	
	1525	30,393	72,943	
	1500	30,271	70,834	5,48
	1475	30,182	69,419	
	1450	30,054	67,383	
6,16	1550	29,890	68,896	
	1525	29,776	66,400	
	1500	29,680	64,569	6,85
	1475	29,537	62,471	
	1450	29,430	60,773	
9,76	1550	29,546	64,883	
	1525	29,412	62,662	
	1500	29,329	60,491	7,76
	1475	29,182	58,670	
	1450	29,082	56,128	
16,66	1550	28,861	59,208	
	1525	28,742	56,076	
	1500	28,620	53,677	9,08
	1475	28,511	51,607	
	1450	28,370	49,591	
25,22	1550	27,760	51,772	
	1525	27,613	49,156	
	1500	27,495	47,085	10,40
	1475	27,370	44,887	
	1450	27,216	42,729	
31,70	1550	26,866	47,820	
	1525	26,732	45,444	
	1500	26,572	43,166	10,70
	1475	26,433	40,984	
	1450	26,287	38,721	

Tab. A-3 *ϰ-, d- und σ-Werte in Abhängigkeit von der Zusammensetzung bei verschiedenen Temperaturen im System CaF_2—Al_2O_3*

Mol.-% Al_2O_3	t (°C)	$\varkappa$ $(\Omega \cdot cm)^{-1}$	d (g/cm³)	σ (Dyn/cm)
0,0 (CaF_2)	1550	4,899	2,559	280,40
	1525	4,800	2,569	282,48
	1500	4,680	2,580	284,42
	1475	4,600	2,587	286,54
	1450	4,484	2,598	288,35
3,57 (4,61 Gew.-%)	1550	4,360	2,588	283,47
	1525	4,240	2,598	285,01
	1500	4,101	2,608	287,31
	1475	3,980	2,623	289,10
	1450	3,824	2,635	290,53
6,88 (8,8 Gew.-%)	1550	3,950	2,614	288,75
	1525	3,820	2,625	291,00
	1500	3,680	2,637	293,30
	1475	3,522	2,650	294,99
	1450	3,401	2,663	297,20
	1400	3,101	2,685	301,06
12,22 (15,38 Gew.-%)	1550	3,590	2,661	299,21
	1525	3,397	2,675	301,02
	1500	3,201	2,691	303,10
	1475	3,020	2,709	305,01
	1450	2,863	2,723	306,52
16,07 (20 Gew.-%)	1550	3,396	2,720	306,10
	1525	3,165	2,738	308,02
	1500	2,950	2,755	310,13
	1475	2,753	2,771	312,11
	1450	2,524	2,790	313,62

Tab. A-4 Die Molvolumen- und die Äquivalentleitfähigkeitswerte bei verschiedenen Temperaturen sowie die Aktivierungsenergie in Abhängigkeit von der Zusammensetzung im System CaF_2—Al_2O_3

Mol.-% Al_2O_3	t (°C)	V_m (cm³/Mol)	λ ($\Omega^{-1}\cdot$ cm² $\cdot$ Äquiv.$^{-1}$)	ΔE_x (Kcal/Mol)
0,0 (CaF_2)	1550	30,512	74,747	
	1525	30,393	72,943	
	1500	30,271	70,834	5,48
	1475	30,182	69,419	
	1450	30,054	67,383	
3,57	1550	30,499	62,056	
	1525	30,381	60,115	
	1500	30,265	57,908	8,13
	1475	30,092	55,891	
	1450	29,955	53,456	
6,88	1550	30,498	52,950	
	1525	30,370	50,993	
	1500	30,232	48,900	9,45
	1475	30,084	46,571	
	1450	29,937	44,750	
	1400	29,692	40,455	
12,22	1550	30,438	43,906	
	1525	30,279	41,328	
	1500	30,099	38,714	13,51
	1475	29,899	36,279	
	1450	29,745	34,219	
16,07	1550	30,116	38,701	
	1525	29,918	35,831	
	1500	29,733	33,190	18,11
	1475	29,562	30,795	
	1450	29,360	28,042	

Tab. A-5   Die Eigenschaftswerte ($\varkappa$, d, σ und λ) und die Sauerstoffkonzentration [O] der untersuchten Schmelzen im System CaF_2—CaO—Al_2O_3 bei 1500°C

Schmelze	[O] (Gew.-%)	$\varkappa$ ($\Omega \cdot cm)^{-1}$	d (g/cm³)	λ ($\Omega^{-1} \cdot cm^2$)	σ (Dyn/cm)
1	3,781	3,718	2,590	51,69	289,11
2	3,659	3,721	2,584	52,71	288,33
3	5,672	3,521	2,621	46,48	294,40
4	6,634	3,421	2,635	45,10	298,12
5	6,949	3,324	2,642	43,12	300,25
6	7,562	3,241	2,660	41,59	304,02
7	8,490	3,118	2,674	37,48	307,35
8	8,061	3,212	2,671	40,16	306,30
9	8,989	3,071	2,696	37,40	309,61
10	9,917	2,951	2,722	34,30	312,66
11	10,415	2,870	2,729	33,98	316,32
12	11,343	2,745	2,743	31,17	321,46
13	12,271	2,647	2,776	28,66	327,63
14	13,234	2,578	2,792	27,82	333,85
15	15,124	2,353	2,812	24,41	342,12
16	19,098	2,012	2,851	19,37	357,66
17	22,286	1,654	2,872	14,92	357,43
18	26,067	1,286	2,900	10,88	397,37
19	30,248	0,964	2,923	7,65	434,25
20	34,029	0,587	2,955	4,40	465,58

8. Anhang

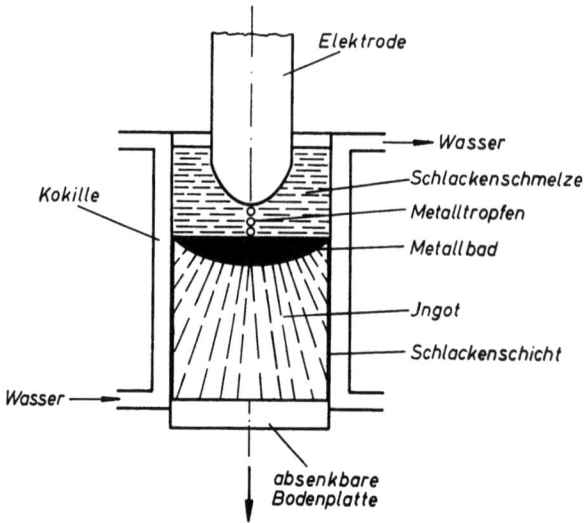

Abb. 1 Prinzip des ESU-Verfahrens

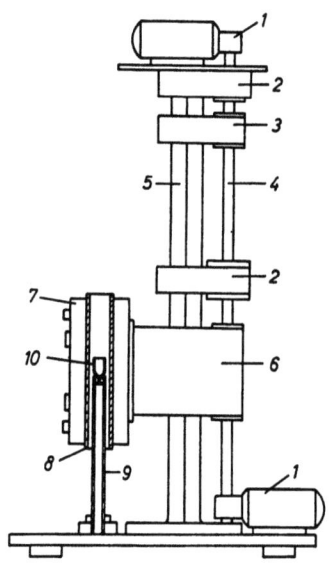

Abb. 2 Ofeneinrichtung

1 Getriebemotor
2 Lagerfuß
3 Halterung und Führung für Elektroden oder Wägevorrichtung
4 Gewindespiegel
5 Vierkantprofil
6 Halterung und Führung für Ofen
7 Der Ofen
8 Heizrohr (aus Sintertonerde)
9 Ständerrohr
10 Meßtiegel (Pt/Rh)

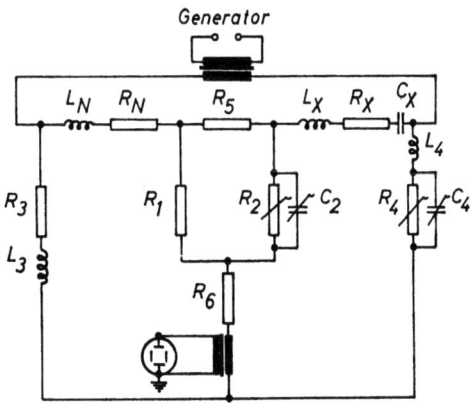

Abb. 3 Schaltschema der Meßbrücke

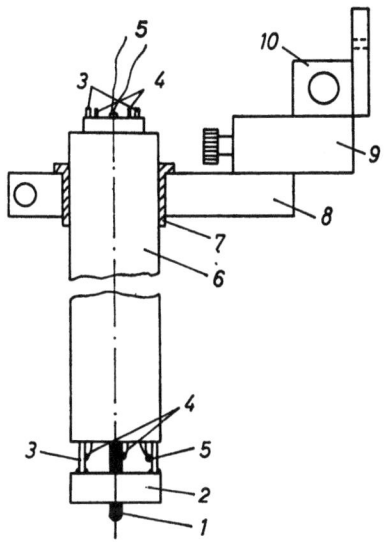

Abb. 4 Elektrodenanordnung

Abb. 5 Wägevorrichtung

1 Analysenwaage
2 Zeiger
3 Lupe
4 Feinskala
5 Gewichtsschale
6 Arretierungsvorrichtung
7 wassergekühlte Unterlage
8 Waagehalterung
9 Pt/Rh-Draht und Senkkörper

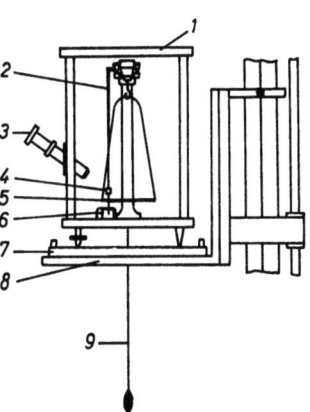

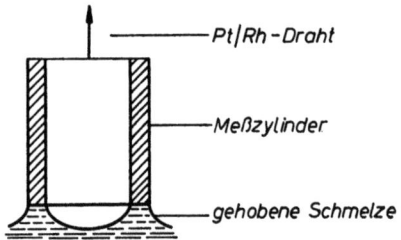

Abb. 6a Das Prinzip der Zylinderabreißmethode

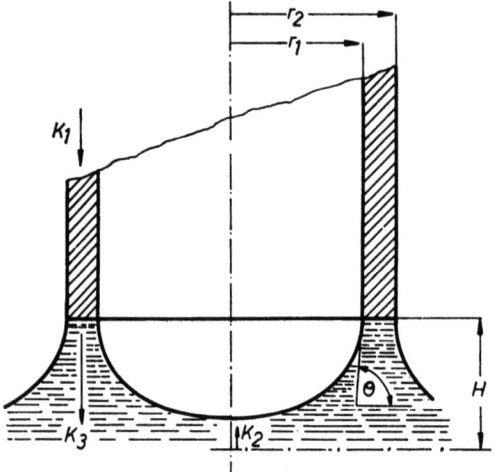

Abb. 6b Die auf den Meßzylinder wirkende Kräfte

Θ = Kontaktwinkel
r_1 = Inneres Zylinderrad
r_2 = Äußeres Zylinderrad
H = Schmelzhöhe unter dem Zylinder
P = Äußerer Atmosphärendruck
d = Schmelzdichte

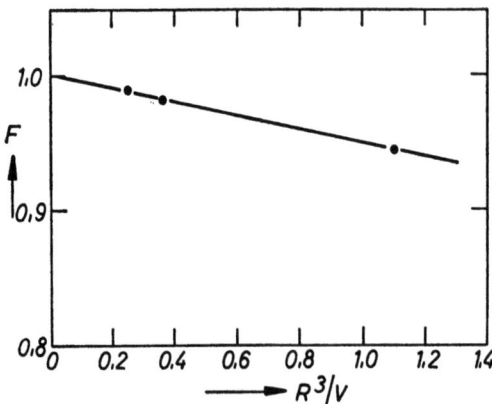

Abb. 7 Korrekturfaktordiagramm

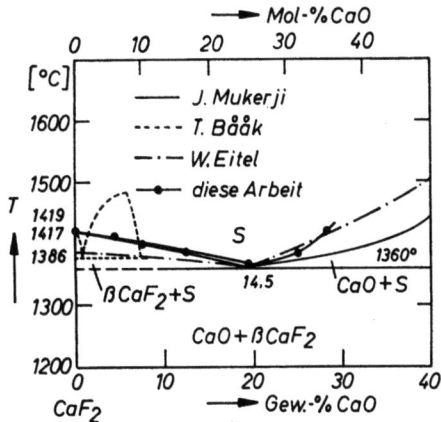

Abb. 8   Das Zustandsdiagramm CaF₂—CaO

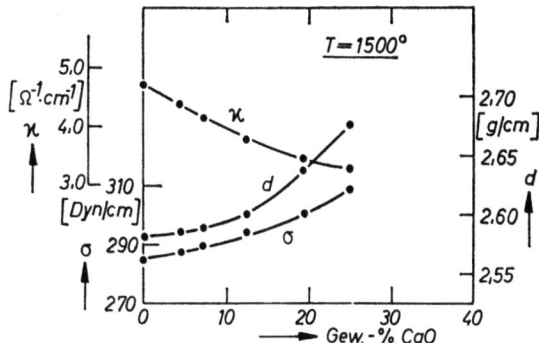

Abb. 9   Die Eigenschaftswerte in Abhängigkeit von CaO-Gehalt

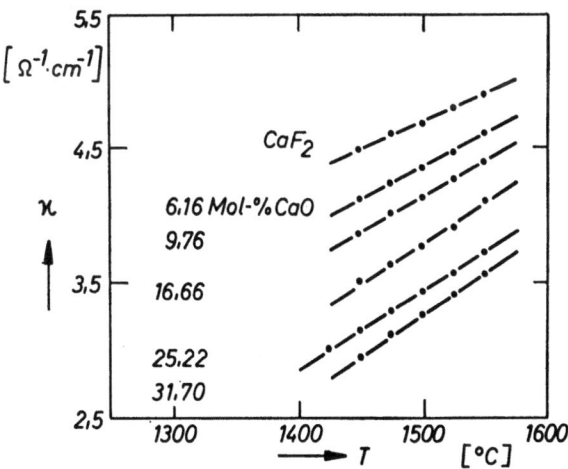

Abb. 10   Abhängigkeit der spezifischen elektrischen Leitfähigkeit $\varkappa$ von der Temperatur

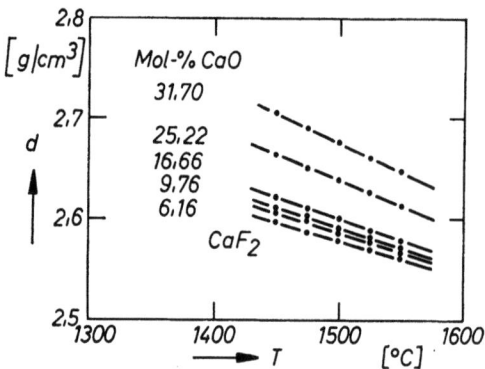

Abb. 11 Abhängigkeit der Dichte von der Temperatur

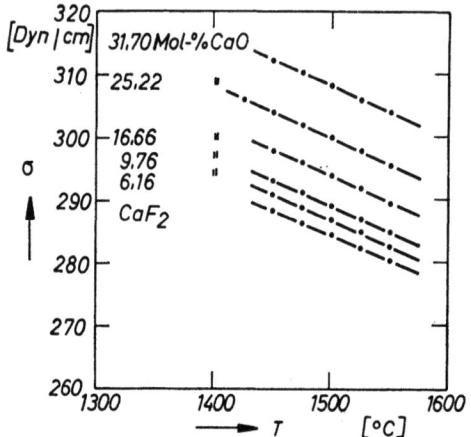

Abb. 12 Abhängigkeit der Oberflächenspannung von der Temperatur

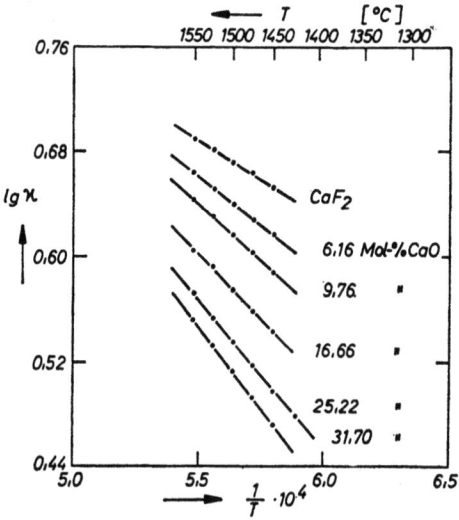

Abb. 13 log $\varkappa$-Werte in Abhängigkeit von 1/T für die verschiedenen Schmelzen

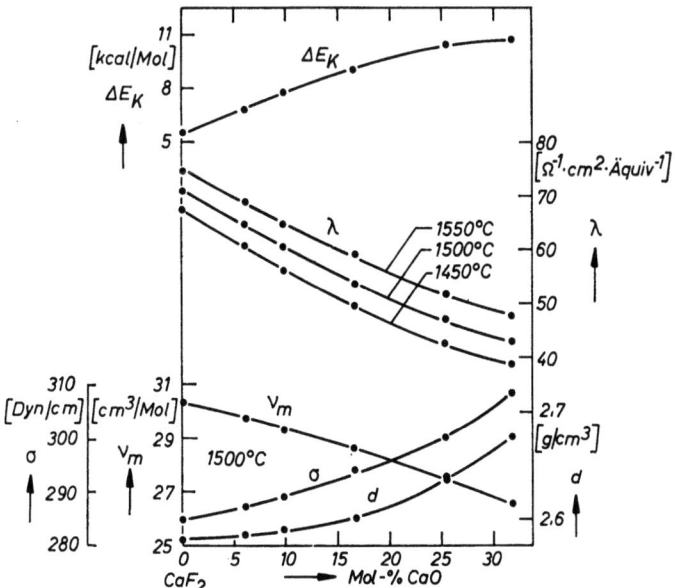

Abb. 14 Die verschiedenen Eigenschaftswerte in Abhängigkeit vom CaO-Gehalt

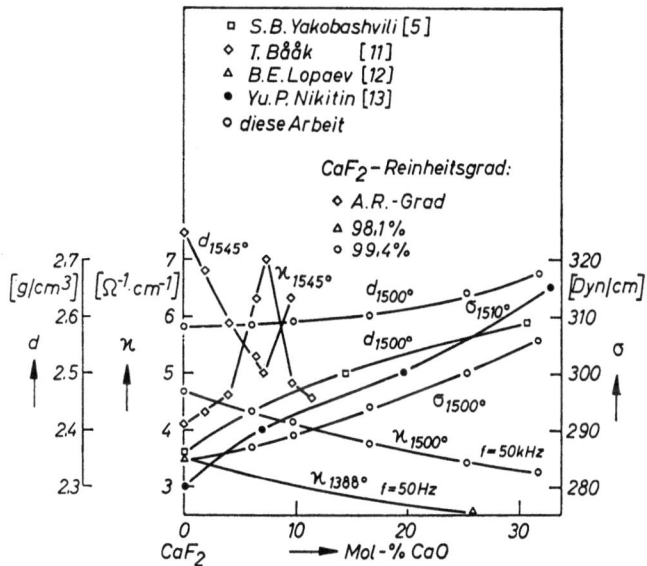

Abb. 15 Isothermen verschiedener Eigenschaftswerte in Abhängigkeit vom CaO-Gehalt im Vergleich zu Angaben des Schrifttums

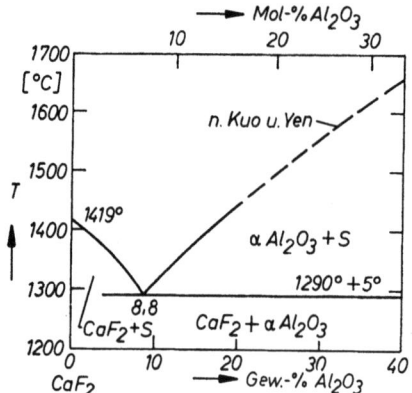

Abb. 16   Das Zustandsdiagramm CaF$_2$—Al$_2$O$_3$

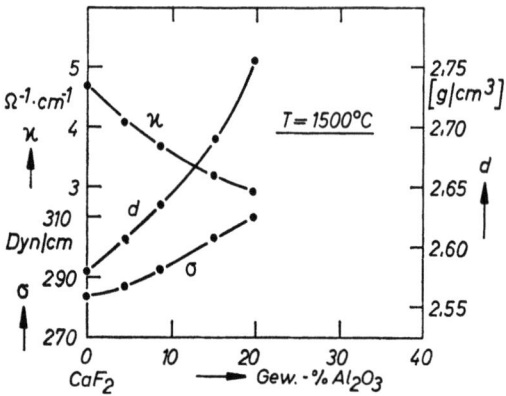

Abb. 17   Die Eigenschaftswerte in Abhängigkeit vom Al$_2$O$_3$-Gehalt

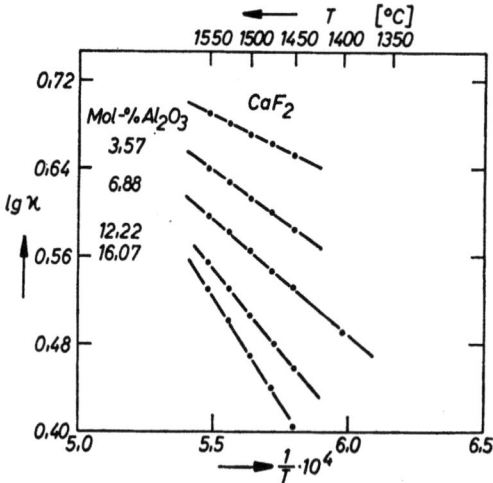

Abb. 18   Abhängigkeit der elektrischen Leitfähigkeit von der Temperatur

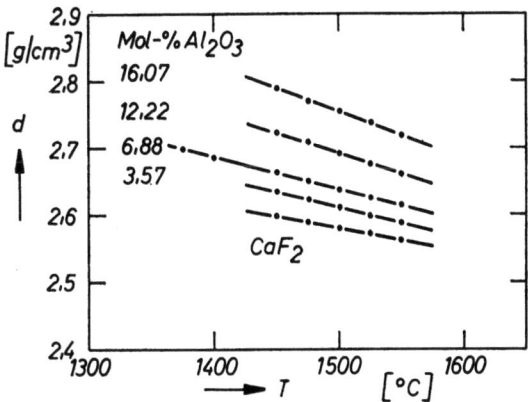

Abb. 19 Abhängigkeit der Dichte von der Temperatur

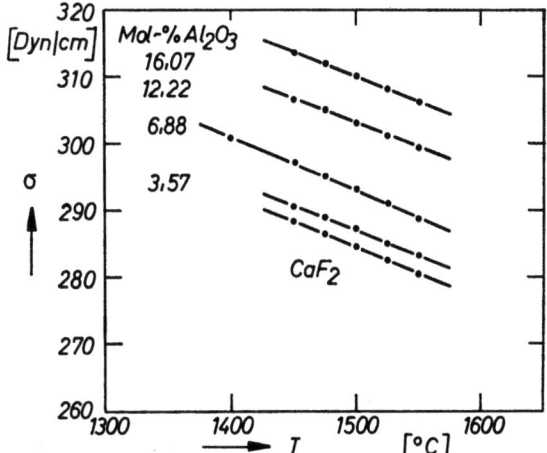

Abb. 20 Abhängigkeit der Oberflächenspannung von der Temperatur

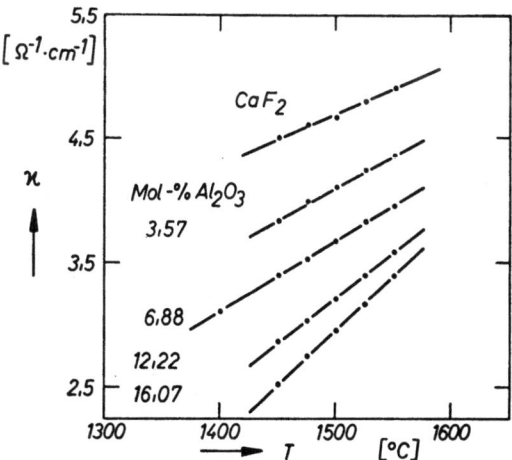

Abb. 21 log $\varkappa$-Werte in Abhängigkeit von 1/T für die verschiedenen Schmelzen

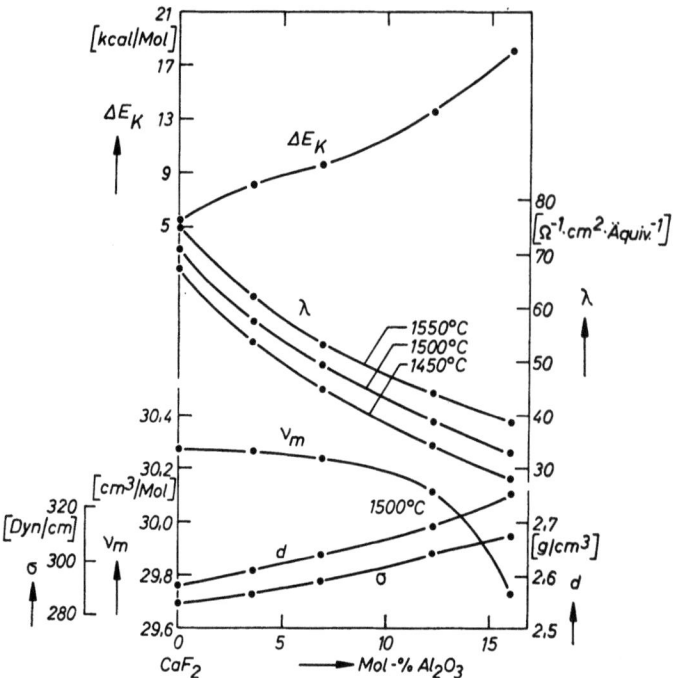

Abb. 22 d, σ, V_m, λ und $ΔE_κ$ in Abhängigkeit vom Al_2O_3-Gehalt

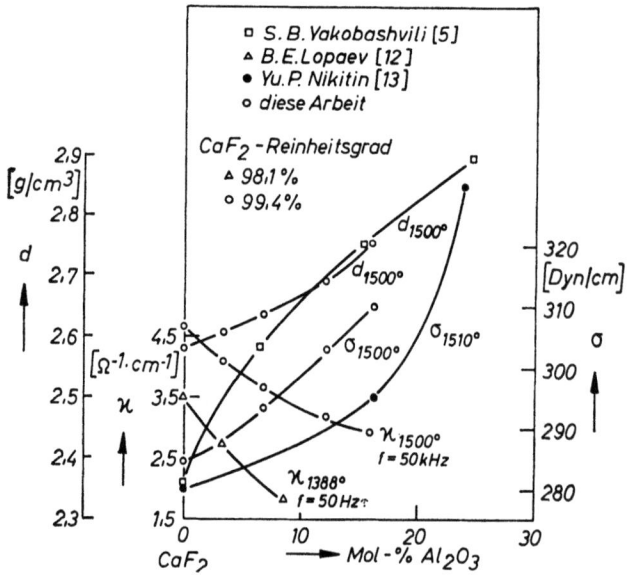

Abb. 23 Isothermen verschiedener Eigenschaftswerte in Abhängigkeit vom Al_2O_3-Gehalt im Vergleich zu Angaben des Schrifttums

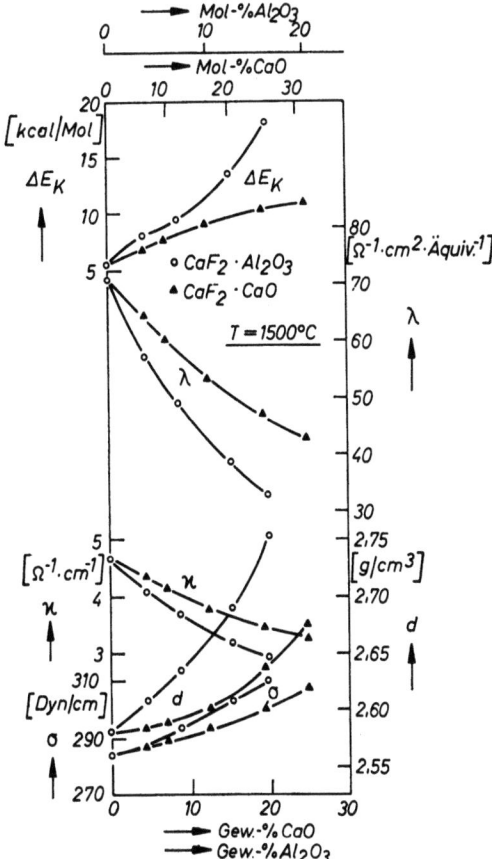

Abb. 24 Gegenüberstellung der Eigenschaftswerte der beiden binären Systeme CaF_2—CaO und CaF_2—Al_2O_3 in Abhängigkeit von der Zusammensetzung bei 1500°C

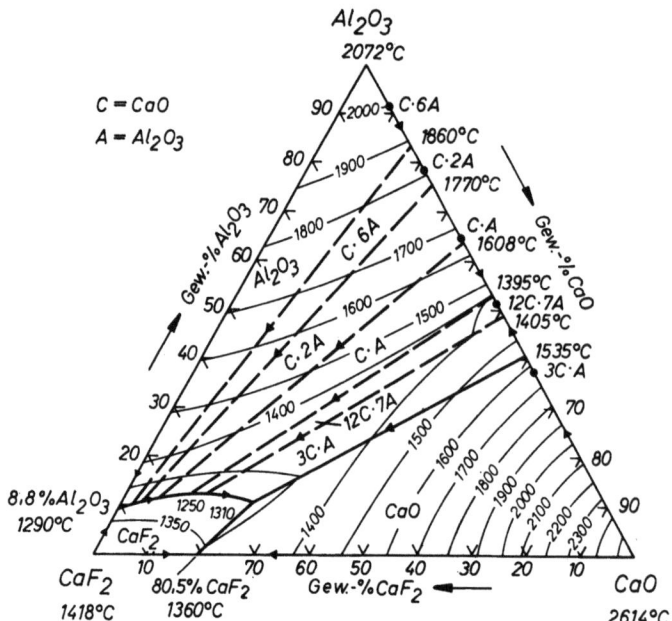

Abb. 25 Das Zustandsdiagramm CaF₂—CaO—Al₂O₃

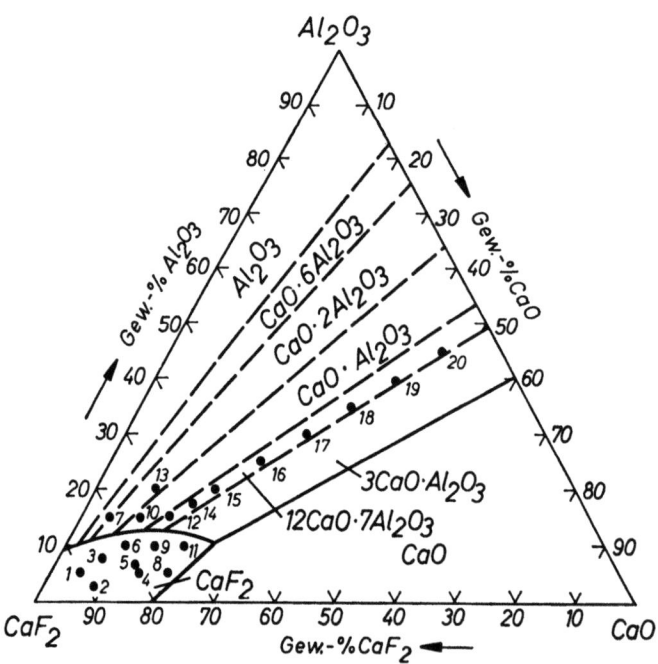

Abb. 26 Lage der untersuchten Schmelzen im ternären System CaF₂—CaO—Al₂O₃ (Auftragung in Gew.-%)

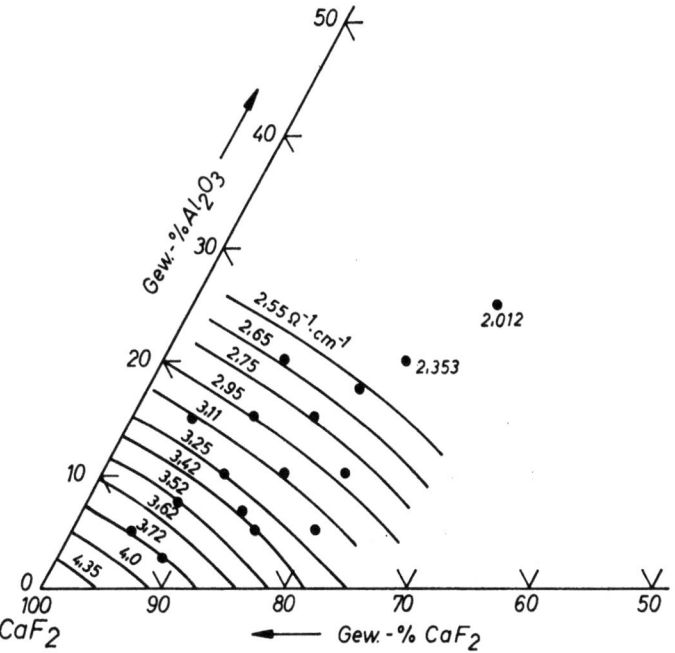

Abb. 27   Linien gleicher elektrischer Leitfähigkeit bei 1500°C (Auftragung in Gew.-%)

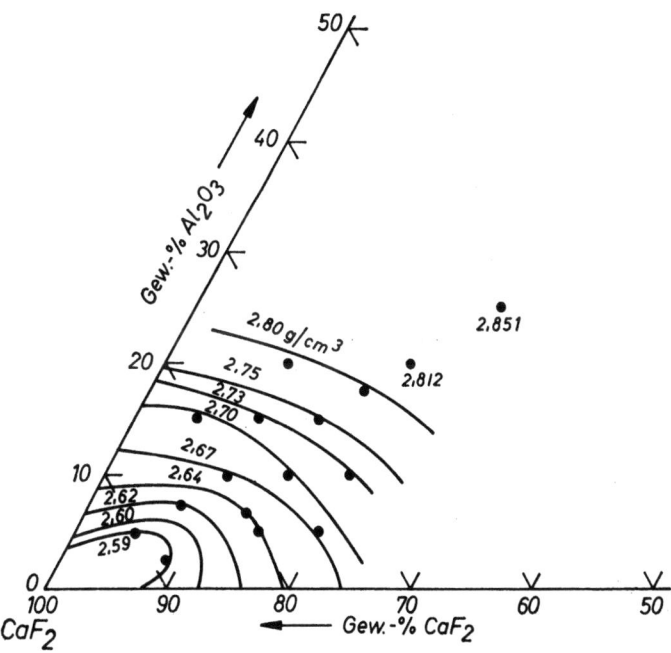

Abb. 28   Linien gleicher Dichte bei 1500°C (Auftragung in Gew.-%)

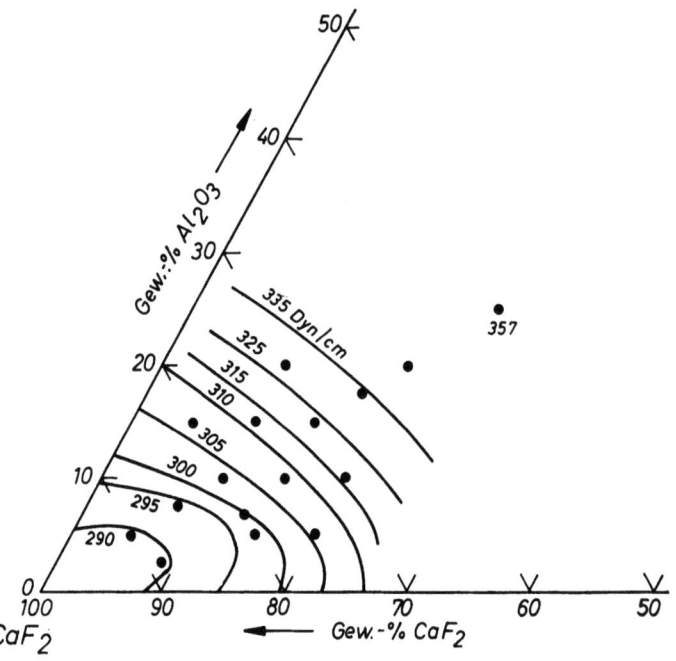

Abb. 29 Linien gleicher Oberflächenspannung bei 1500°C (Auftragung in Gew.-%)

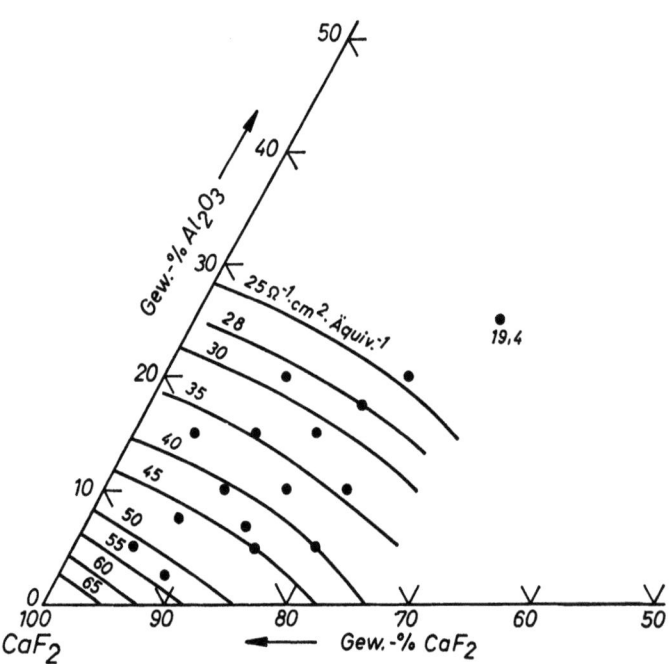

Abb. 30 Linien gleicher äquivalenter Leitfähigkeit bei 1500°C (Auftragung in Gew.-%)

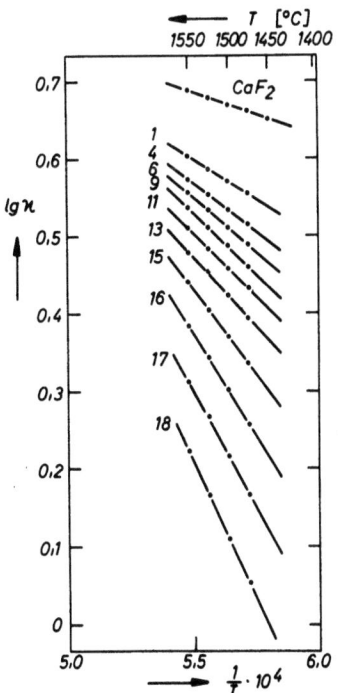

Abb. 31 log ϰ-Werte in Abhängigkeit von 1/T im System CaF₂—CaO—Al₂O₃

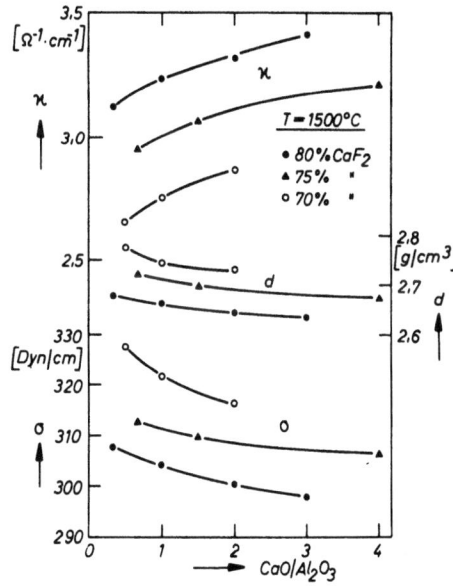

Abb. 32 Die Eigenschaftswerte in Abhängigkeit vom CaO/Al₂O₃-Verhältnis bei jeweils konstanten CaF₂-Anteil im System CaF₂—CaO—Al₂O₃ bei 1500°C.

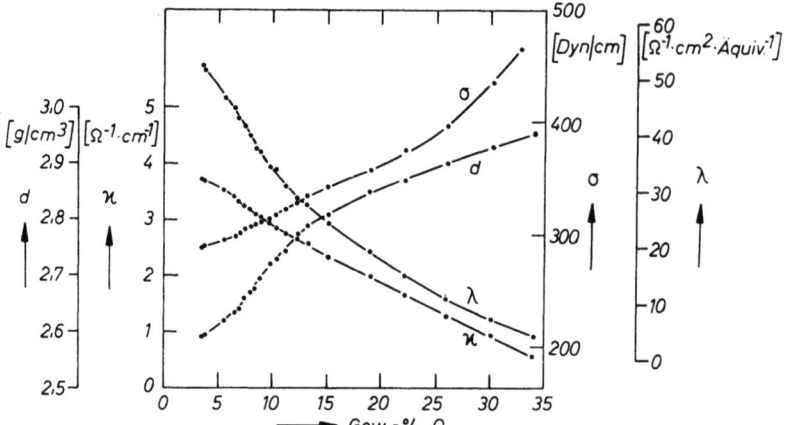

Abb. 33 Eigenschaftswerte in Abhängigkeit von [O] bei 1500°C

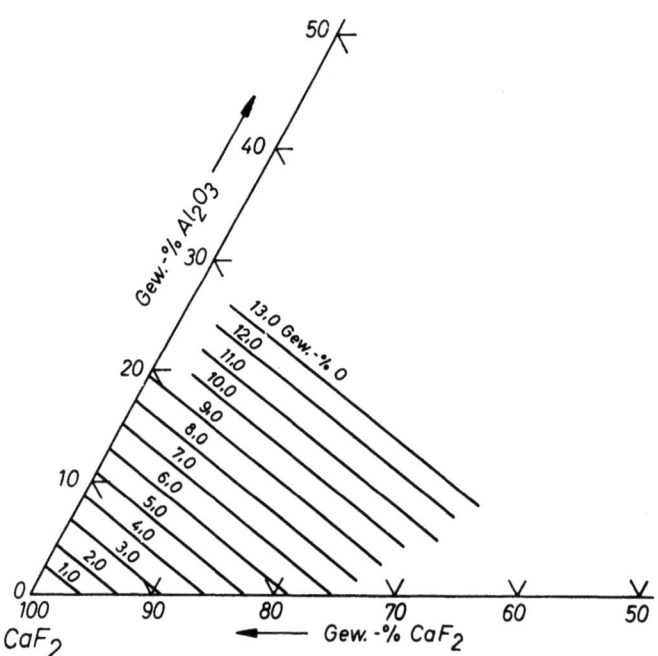

Abb. 34 Linien gleicher [O] bei 1500°C (Auftragung in Gew.-%)

Forschungsberichte des Landes Nordrhein-Westfalen

Herausgegeben im Auftrage des Ministerpräsidenten Heinz Kühn
von Staatssekretär Professor Dr. h. c. Dr. E. h. Leo Brandt

Sachgruppenverzeichnis

Acetylen · Schweißtechnik
Acetylene · Welding gracitice
Acétylène · Technique du soudage
Acetileno · Técnica de la soldadura
Ацетилен и техника сварки

Arbeitswissenschaft
Labor science
Science du travail
Trabajo científico
Вопросы трудового процесса

Bau · Steine · Erden
Constructure · Construction material ·
Soil research
Construction · Matériaux de construction ·
Recherche souterraine
La construcción · Materiales de construcción ·
Reconocimiento del suelo
Строительство и строительные материалы

Bergbau
Mining
Exploitation des mines
Minería
Горное дело

Biologie
Biology
Biologie
Biologia
Биология

Chemie
Chemistry
Chimie
Quimica
Химия

Druck · Farbe · Papier · Photographie
Printing · Color · Paper · Photography
Imprimerie · Couleur · Papier · Photographie
Artes gráficas · Color · Papel · Fotografía
Типография · Краски · Бумага · Фотография

Eisenverarbeitende Industrie
Metal working industry
Industrie du fer
Industria del hierro
Металлообрабатывающая промышленность

Elektrotechnik · Optik
Electrotechnology · Optics
Electrotechnique · Optique
Electrotécnica · Optica
Электротехника и оптика

Energiewirtschaft
Power economy
Energie
Energía
Энергетическое хозяйство

Fahrzeugbau · Gasmotoren
Vehicle construction · Engines
Construction de véhicules · Moteurs
Construcción de vehículos · Motores
Производство транспортных средств

Fertigung
Fabrication
Fabrication
Fabricación
Производство

Funktechnik · Astronomie
Radio engineering · Astronomy
Radiotechnique · Astronomie
Radiotécnica · Astronomía
Радиотехника и астрономия

Gaswirtschaft
Gas economy
Gaz
Gas
Газовое хозяйство

Holzbearbeitung
Wood working
Travail du bois
Trabajo de la madera
Деревообработка

Hüttenwesen · Werkstoffkunde
Metallurgy · Materials research
Métallurgie · Matériaux
Metalurgia · Materiales
Металлургия и материаловедение

Kunststoffe
Plastics
Plastiques
Plásticos
Пластмассы

Luftfahrt · Flugwissenschaft
Aeronautics · Aviation
Aéronautique · Aviation
Aeronáutica · Aviación
Авиация

Luftreinhaltung
Air-cleaning
Purification de l'air
Purificación del aire
Очищение воздуха

Maschinenbau
Machinery
Construction mécanique
Construcción de máquinas
Машиностроительство

Mathematik
Mathematics
Mathématiques
Matemáticas
Математика

Medizin · Pharmakologie
Medicine · Pharmacology
Médecine · Pharmacologie
Medicina · Farmacología
Медицина и фармакология

NE-Metalle
Non-ferrous metal
Metal non ferreux
Metal no ferroso
Цветные металлы

Physik
Physics
Physique
Física
Физика

Rationalisierung
Rationalizing
Rationalisation
Racionalización
Рационализация

Schall · Ultraschall
Sound · Ultrasonics
Son · Ultra-son
Sonido · Ultrasónico
Звук и ультразвук

Schiffahrt
Navigation
Navigation
Navegación
Судоходство

Textilforschung
Textile research
Textiles
Textil
Вопросы текстильной промышленности

Turbinen
Turbines
Turbines
Turbinas
Турбины

Verkehr
Traffic
Trafic
Tráfico
Транспорт

Wirtschaftswissenschaften
Political economy
Economie politique
Ciencias económicas
Экономические науки

Einzelverzeichnis der Sachgruppen bitte anfordern

Westdeutscher Verlag · Köln und Opladen
567 Opladen/Rhld., Ophovener Straße 1–3, Postfach 1620

MIX
Papier aus verantwortungsvollen Quellen
Paper from responsible sources
FSC® C105338

If you have any concerns about our products,
you can contact us on
ProductSafety@springernature.com

In case Publisher is established outside the EU,
the EU authorized representative is:
**Springer Nature Customer Service Center GmbH
Europaplatz 3, 69115 Heidelberg, Germany**

Printed by Libri Plureos GmbH
in Hamburg, Germany